南四湖典型流域水生态文明
建设模式研究

何光明　侯祥东　陈立峰　李玥璿
王训诗　赵婷婷　田　西　李路华　　著

黄河水利出版社
·郑州·

内 容 提 要

本书是山东省淮河流域重点平原洼地南四湖片治理工程科学研究试验项目研究成果,以南四湖流域作为研究对象,从全流域着眼,基于南四湖流域水生态文明建设存在的问题,从水资源、水环境、水生态、水景观、水管理五个方面提出流域水生态文明建设指标评价体系,选择典型流域作为评价单元,对典型流域的水生态文明建设现状进行评价与问题剖析,在此基础上构建具有针对性、适用性和可操行的流域水生态文明建设模式。

本书可供水资源、水生态、水环境、水管理及有关专业科研工作和管理人员阅读参考。

图书在版编目(CIP)数据

南四湖典型流域水生态文明建设模式研究/何光明
等著. —郑州:黄河水利出版社,2021.6
ISBN 978-7-5509-3025-4

Ⅰ.①南…　Ⅱ.①何…　Ⅲ.①南四湖-区域水环境-
生态环境建设-研究　Ⅳ.①X321.252.3

中国版本图书馆 CIP 数据核字(2021)第 130270 号

出 版 社:黄河水利出版社　　　　　　　　　　网址:www.yrcp.com
　　　地址:河南省郑州市顺河路黄委会综合楼 14 层　邮政编码:450003
发行单位:黄河水利出版社
　　　发行部电话:0371-66026940、66020550、66028024、66022620(传真)
　　　E-mail:hhslcbs@126.com
承印单位:河南新华印刷集团有限公司
开本:890 mm×1 240 mm　1/16
印张:9.5
字数:220 千字
版次:2021 年 6 月第 1 版　　　　　　　　印次:2021 年 6 月第 1 次印刷

定价:56.00 元

前　言

　　我国正处于经济、社会快速发展时期,经济持续快速增长同资源环境生态的矛盾日趋突出,建设生态文明是中华民族永续发展的大计。习近平总书记在十八大报告中首次提出了经济建设、政治建设、文化建设、社会建设和生态文明建设"五位一体"的总体布局,把生态文明提高到前所未有的高度,生态文明建设已成为我国今后一段时期一项重要任务。

　　水生态文明建设是生态文明建设的重要内容和基础保障。水生态文明,是以科学发展观为指导,遵循人、水、社会和谐发展客观规律,以水定需、量水而行、因水制宜,推动经济社会发展与水资源和水环境承载力相协调,建设永续的水资源保障、完整的水生态体系和先进的水科技文化所取得的物质、精神、制度方面成果的总和,是指人类社会与水和谐共处、良性互动的状态。

　　本书以南四湖流域作为研究对象,旨在摸清南四湖流域在水资源、水环境、水生态、水景观、水管理等方面的现状以及存在的问题,构建适用于南四湖流域的水生态文明建设指标评价体系,根据代表性、全面覆盖、分类典型等原则,选择典型流域进行水生态文明建设水平评价,明确各典型流域的建设短板及问题,在此基础上有针对性地提出措施及建议,形成典型流域的水生态文明措施体系和建设模式,为南四湖流域水生态文明建设提供参考。

　　本书涉及专业领域较广,由不同专业背景的技术工程人员共同完成,水生态文明建设理论上需不断总结提高,在实践应用中也需不断完善。

　　由于作者理论水平与专业知识所限,书中难免存在错漏之处,敬请各位专家、业界同仁及读者批评指正。

作　者

2021 年 4 月

目　录

第 1 章　绪　论

1.1　研究背景

1.1.1　研究背景

南四湖位于山东省西南部,地处江苏与山东两省交界地区,由南阳、昭阳、独山、微山等 4 个水波相连的湖泊组成,呈西北—东南方向,流域面积 31 180 km²,其中湖西 21 400 km²、湖东 8 500 km²,具有调节洪水、蓄水灌溉、发展水产、航运交通,改善生态环境等多重功能。

南四湖的来水分为东、西、北三面,主要承纳山东、河南、江苏及安徽四省 32 个县(市、区)的来水,入湖大小河流合计 53 条,其中流域面积在 1 000 km² 以上的 9 条河流主要为泗河、洸府河、白马河、东鱼河、洙赵新河、梁济运河、复兴河、大沙河、新万福河。山东省微山县境内的韩庄闸和伊家河闸以及江苏省境内的蔺家坝闸为主要出湖口。南四湖入湖河流中,注入上级湖的有 30 条,其中湖东和湖西各 15 条;有 23 条注入下级湖,其中湖东 13 条、湖西 10 条。湖西入湖河流河道宽浅,水流较缓,洪水量大而峰低,较大的有梁济运河、洙赵新河、新万福河、东鱼河等;湖东注入河流源短流急,洪水势猛而峰高,主要河流有泗河、洸府河、白马河等。

建设生态文明是中华民族永续发展的大计。习近平总书记在十八大报告中首次提出了经济建设、政治建设、文化建设、社会建设和生态文明建设"五位一体"的总体布局,把生态文明提高到前所未有的高度,生态文明建设已成为我国今后一段时期内一项重要任务。2015 年 9 月,中共中央、国务院印发了《生态文明体制改革总体方案》,提出了生态文明体制改革的总体要求,明确了生态文明体制改革的总体目标。党的十九大报告将"坚持人与自然和谐共生"作为新时代坚持和发展中国特色社会主义的基本方略之一,将生态建设提升到新的高度,为未来中国的生态文明建设和绿色发展指明了方向,规划了路线。

水生态文明建设是生态文明建设的重要内容和基础保障。水生态文明,是以科学发展观为指导,遵循人、水、社会和谐发展客观规律,以水定需、量水而行、因水制宜,推动经济社会发展与水资源和水环境承载力相协调,建设永续的水资源保障、完整的水生态体系和先进的水科技文化所取得的物质、精神、制度方面成果的总和,是指人类社会与水和谐共处、良性互动的状态。

党的十八大以来,水利部门贯彻落实十八大关于加强生态文明建设的重要精神,自觉把绿色发展理念贯穿水利工作全局。2013 年印发了《关于加快推进水生态文明建设工作的意见》(水资源〔2013〕1 号),明确了落实最严格水资源管理制度、优化水资源配置、强化节约用水管理、严格水资源保护、推进水生态系统保护与修复、加强水利建设中的生态保护等水生态文明建设工作内容。"加强河湖管理、建设水生态文明"已成为水利全行业的共识,生态文明理念已深入地融入水利工作的各环节。

本次旨在摸清南四湖流域在水资源、水环境、水生态、水景观、水环境监管等方面的现状以及存在的问题,并有针对性地提出一些措施及建议,为南四湖流域水生态文明建设提供参考。

1.1.2　研究意义

本研究围绕南四湖地区流域在水资源及其开发利用、水环境防治、水生态系统修复等方面展开,重点明确南四湖地区流域在水资源及其开发利用、水环境防治、水生态修复工程以及非工程现状,总结水生态文明建设现状。据此,主要从水资源开发利用保护、水污染防治、水生态修复、水景观优化、水管理提升五个方面构建一套更为优化的南四湖地区流域水生态文明建设模式,为进一步加强流域水生态文明建设提供技术支撑和政策建议,促进水资源可持续利用,保障生态系统良性循环。

1.1.3　流域水生态文明建设的内涵

水生态文明是指为了实现水土资源的可持续利用,保证生态系统的良性循环,遵循人水和谐的理念,通过保护和改善水生态和水环境,节约水资源,降低社会经济活动对水生态系统的过分干扰,实现水资源的循环利用和生态环境的可持续性,使生态环境与经济社会协调发展。

流域生态文明是指以流域为整体单位的生态文明,它立足于流域这一单元整体,辐射流域周边区域,将整个流域范围内的环境、资源、社会、经济以及人类等视为一个整体动态生态系统。在这个动态生态系统内,以维持流域健康生命为目标,以水生态承载力为约束,站在政府管理者的角度,统筹安排,综合管理,将经济社会的持续发展建立在动态的流域生态平衡之上,有效解决人类经济社会活动与流域生态自然环境之间的矛盾,实现流域内人与自然的和谐发展。

构建流域生态文明的建设模式框架,必须把流域作为一个水生态-经济社会复合生态系统,在构建中注重把流域自身的生态修复与提升需求同流域内人类经济社会活动相适应,在人与水资源的和谐发展中,站在流域管理者的角度,统筹做好水资源调度管理、水工程建设管理、水环境治理、水生态修复与开发利用、水文化与水景观拓展挖掘、水行政规范管理等方面工作,加大流域资源的高效开发利用,努力实现资源效益的最大化,构建高效、有序、绿色、协调、开放的流域生态文明建设模式。

1.2　研究现状与基础

在水环境破坏和水资源利用趋紧的条件下,进行水生态文明建设是适应新时期水资源开发利用的根本路径,也是可持续发展的根本要求。国内外许多学者对水生态文明建设做过大量探索,研究成果主要集中在内容剖析、问题分析与政策解析。

1.2.1　国内研究现状

在我国经济快速发展的今天,经济发展带来的环境问题已不容忽视,保护生态环境已迫在眉睫,加快推进水生态文明建设被提上社会发展的战略地位。为此,国内学者也对此进行了一系列研究。董文虎的《水生态文明建设是生态文明建设最重要的组成部分》就分析生态文明建设与水生态文明建设之间的关系中,提出了"生态文明建设,水利必须先行"。左其亭、罗增亮也在《水生态文明建设的发展思路研究框架》中,给出了水生态文明建设发展思路和任务路线图。谷树忠、李维明在《建立健全水生态文明建设的推进机制》中,提出推进水生态文明建设需加强制度保障、改革管理体制、健全激励机制、科学规划引导。黄茁、唐克旺从水生态学系统和社会经济系统两个方面以评价状况指数为基础分级量化水生态文明程度的评价方法。左其亭等提出了水生态文明定量评价的五个准则(和谐发展、节约高效、生态保护、制度保障和文化传承),创建了水生态文明评价理论框架和评价方法。郭巧玲等基于人水和谐的视角,从人水和谐、水生态环境、社会经济和水文化4 个方面建立评价指标体系;目前关于水生态文明建设指标评价的研究中,以城市为评价单元的生态文明指标评价研究占据主导地位,关于水生态文明建设评价体系、建设模式的研究也主要以城市作为研究单元。目前,国家、地区出台的关于水生态文明建设评价和建设的指导文件也主要以城市为单元,2012 年,山东省公布了《山东省水生态文明城市评价标准》(DB37/T 2172—2012),形成了较为系统、完整的综合评价指标体系;2016 年,水利部出台了《水生态文明城市建设评价导则》(SL/Z 738—2016),确立了以水安全、水生态、水环境、水文化用水行为和监督管理为主要评价内容的全国水生态文明城市评价体系;2018 年,江苏省颁布《水生态文明城市评价导则》(DB32/T 3471—2018)。许继军首先明晰水生态文明建设中的水利工作定位,提出水生态文明建设的思路和工作重点及其保障措施。马建华从水生态文明建设的内涵出发,转变水利发展工作思路、重视水利建设生态环境保护、加强水生态系统保护与修复、强化水生态文明建设保障措施等四个方面提出了推进水生态文明建设的对策措施。洪一平、胡仪元等分别对长江、南水北调汉江水源地等河流研究出发,对这些河流推进生态文明建设进行了剖析。张曰良、郭水水、郑军田、邹秋文等分别对济南、成都、盐城、九江等城市水生态文明建设进行研究,探索其特征、难点,分析推进路径。

从以上研究分析可以得出,当代学者对水生态文明建设的探索既有从宏观、理论上的分析,也有微观、具体层面的论述,但其理论框架的深度和内涵仍有待完善。这些研究为解决我国水生态文明建设面临的问题及解决途径提供了理论指导。

目前,以流域作为评价单元的评价指标体系尚缺乏系统的理论支撑和科学综合的指标赋权体系,根据流域内城乡水生态文明建设面临的主要问题及流域水生态文明特征,提出具有流域特色的水生态文明指标评价体系,可为找出流域水生态文明建设面临的问题及解决途径提供一定的科学依据和理论指导。

目前,南四湖地区各市、各区县已开展了水生态文明城市创建行动,针对南四湖地区的水生态文明建设的研究也已取得了一定成果,但尚缺乏系统、合理、科学的水生态文明建设综合指标评价体系、评价方法以及措施体系。

1.2.2 国外研究现状

生态问题是一个全球性的普遍问题,水生态文明的一个重要内容就是水生态的恢复和修复,国外虽然没有水生态文明建设的提法,但在生态环境及河湖生态治理问题方面进行了大量的分析研究和成功案例。国外以解决生态环境问题为重点,开展了大量关于河湖生态治理、湿地功能修复等方面的基础研究工作。瑞士、德国于 20 世纪 80 年代末就提出了"走进自然河流"的概念和"自然型护岸"技术,日本在 20 世纪 90 年代末开展"创造多自然型河川计划"并提出了"亲水"的呼声。近年来,美国在调水引流、截污治污、河湖清淤、生物控制方面也取得了一些独到的水生态修复手段,如密歇根湖和密西西比河之间的调水引流、位于美国马里兰州石头河清淤等,通过工程措施达到恢复河道健康及生态面貌的目的。此外,关于流域水生态环境保护问题,国外的研究和实践多集中于以下几方面:

(1)以流域统一管理的形式研究流域可持续发展问题。20世纪30年代初美国就开始对田纳西河流域进行综合开发治理,是世界上对流域进行全面综合开发最早也是最成功的地区。欧洲莱茵河地区从传统单一的水资源为主的流域管理向以可持续发展为目标的可持续管理转变,欧盟各个国家在20世纪六七十年代纷纷修改水法,建立以整体流域管理为基础的水资源管理体制,并在大部分国家建立了流域水资源综合管理机构。英国水资源经历了一个从地方分散管理到流域统一管理的历史演变过程,当前已定型于水资源按流域统一管理与水务私有化相结合的管理体制。

(2)加强水生态环境的规划与立法。几乎所有的流域管理机构都把编制流域综合规划作为对进行流域综合管理的重要手段,这些管理机构都将编制流域综合规划作为最重要和最核心的工作。编制完成的规划目标和指标常常是有法律效力的,对支流和地方的流域管理具有指导作用。

1965年美国颁布《水资源规划法》,要求以环境质量、区域发展、社会福利为目标进行水土资源综合规划,同时要求建立以规划协调为主的流域机构,实施了水环境的流域保护计划,极大地改善、保护了美国流域水环境,它既体现了现实的需要,又充分考虑了它所能带来的效益,并从法制和技术等多方面制定了切实可行的水环境标准。俄罗斯于1995年11月颁布的新《水法》标志着俄罗斯在整个自然—资源—生态的管理和立法方面迈出了关键性的一步。新《水法》将水资源开发、利用及保护活动存在的生态利益与经济利益有机地结合在一起,规定在水资源开发利用时应优先考虑保护人类的健康,如应首先保证饮用水和生活用水、防止水污染。南非《水法》按可持续性、公平与公众信任的原则,确立水资源所有权国有化,对水使用权重新分配,公平利用水资源,确保水生态系统的需水量,把决策权分散到尽可能低的层次,建立新的行政管理机构。

(3)运用经济手段进行生态补偿。如莱茵河流域管理机构与欧盟则辅以经济手段进行管理,如果某国未达所设标准,欧盟委员会将对其进行处罚。澳大利亚通过联邦政府的经济补贴的手段来推进各省的流域综合管理。加拿大哥伦比亚河流域把水电开发的部分收益对原住居民进行补偿,用于社区流域保护与教育活动。荷兰通过调整河漫滩的采砂权来筹措河流生态治理的资金。南非则将流域保护与恢复行动与扶贫有机地结合在一起,每年投入约1.7亿美元雇用弱势群体来进行流域保护,改善水质,增加水供给等。

从以上的国外在流域水生态环境保护的研究中可以看出,国外主要侧重于立法和经济调控,这对水资源进行有效管理起到了很大的促进作用。对我国在流域水生态文明建设方面也有一定的启示作用。

1.3　总体研究目标与研究任务

1.3.1　研究目标

围绕南四湖地区流域水生态文明建设,基于对流域内水生态文明建设现状的调查,通过一系列工程以及非工程措施,建立具有可达性和可操作性的南四湖地区流域水生态文明建设模式,改善南四湖地区流域水生态文明现状,构建一套更为完善的典型流域水生态文明建设模式,为进一步加强流域水生态文明建设提供技术支撑和政策建议,促进水资源可持续利用,保障生态系统良性循环,推动南四湖流域实现水资源的循环利用和生态环境的可持续性,使生态环境同经济社会协调发展。

1.3.2 研究任务

研究围绕南四湖地区流域水生态文明建设,拟从水资源开发利用保护、水污染防治、水生态修复等方面,首先明确现状条件下南四湖地区流域水生态文明建设现状,据此,主要从水资源开发利用保护、水污染防治、水生态修复等方面构建一套更为优化的南四湖地区流域水生态文明建设模式。

1.4 主要内容与技术路线

1.4.1 主要研究内容

1.4.1.1 南四湖地区流域水生态文明建设现状研究

调查南四湖地区流域现状条件下水资源开发利用保护情况、水环境现状、水生态系统状况以及管理体系情况,总结南四湖地区流域水生态文明建设情况以及存在的目前亟待解决的问题。

1. 南四湖区域环境概况

重点介绍南四湖区域流域河流水系情况、水体利用情况、主要水利工程建设与运行情况等。

2. 南四湖地区水资源开发利用保护情况

结合"山东省淮河流域水安全保障关键技术研究"课题的开展,重点明确防洪、供水、生态等的水安全与保障等方面存在的问题。明确河道生态流量、水系连通情况等。

3. 南四湖地区流域水环境污染现状调查与研究

根据代表性、全面覆盖、分类典型等原则选择洙赵新河流域、梁济运河流域及白马河流域作为典型流域研究目标,调查南四湖湖区及所选择的典型流域水功能区水质现状及主要污染源,明确水环境污染现状及存在主要问题。

4. 南四湖地区流域水生态现状调查与研究

水生态体系主要考察维持水生态系统平衡、防止水生态系统遭受破坏、促进水生态系统良性循环的能力,从水域环境、南四湖流域滩地、堤岸水土保持、生态岸坡以及生物多样性等方面评价。

5. 南四湖地区流域水生态文明现状评价

根据《水生态文明城市建设评价导则》等已有评价体系,结合区域特点,以流域为评价单元,提出一套适用于南四湖地区流域的水生态文明评价体系,并根据水资源开发利用、水环境污染、水生态破坏等现状调查结果与问题分析结果,对南四湖地区流域现状水生态文明建设情况进行评价并计分,明确该区域流域水生态文明建设的短板。评价体系包括河流水环境质量评价、水生生态系统健康稳定性评价(包括水生生物多样性评价)、水系连通条件评价、岸坡稳定性及植被条件评价等。

1.4.1.2 南四湖地区流域水生态文明建设模式构建

1. 南四湖地区流域水生态文明建设措施

根据调查研究的现状情况、待解决的问题,提出相应的工程以及非工程措施,最终构建一套更为优化的南四湖地区流域水生态文明建设模式,促进水资源可持续利用,保障生态系统良性循环,为进一步加强流域水生态文明建设提供技术支撑和政策建议。

2. 南四湖地区流域水生态文明建设适用性分析

对采取的一系列工程措施与非工程措施效果对典型流域进行应用预测规划,采用流域水生态文明评价体系对经优化后的流域生态文明建设模式进行评价并分析建设模式的适用性。

1.4.2 技术路线

技术路线见图 1-1。

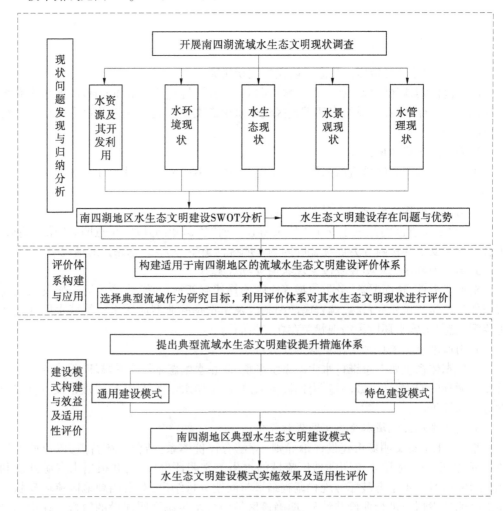

图 1-1　技术路线

第2章 南四湖流域水生态文明现状

2.1 南四湖流域水系

南四湖由南阳、昭阳、独山、微山等4个水波相连的湖泊组成,大部分在山东省济宁市微山县境内,周边与济宁市任城区、鱼台县,枣庄市滕州市、徐州市铜山区、沛县接壤。南四湖为浅水型湖泊,湖形狭长,湖面面积1 280 km²,总库容60.12亿 m³。流域面积31 180 km²,其中湖西21 400 km²,湖东8 500 km²,是我国第六大淡水湖,具有调节洪水、蓄水灌溉、发展水产、航运交通、改善生态环境等多重功能。

南四湖湖西地区为黄泛平原,地势西高东低,地面坡降由西向东逐渐变缓,坡度在1/4 000~1/20 000,地面高程西部最高为60.0 m,至南四湖周边为31.0~33.0 m。湖东地区东部为山地及丘陵,中部津浦铁路两侧为山麓冲积平原,西部为滨湖洼地,地面高程自东向西倾斜,坡降1/1 000~1/10 000。

南四湖承接苏、鲁、豫、皖四省53条河流来水,其中入湖河流流域面积超过500 km²的有梁济运河、洙水河、洙赵新河、万福河、老万福河、东鱼河、复新河、大沙河、洸府河、泗河、白马河、北沙河、新薛河13条河流(见表2-1)。

表2-1 南四湖流域面积500 km²以上一级入湖河流河道基本情况

序号	河流名称	河源地点	河口地点	河流长度(km)	流域面积(km²)	流经县(市、区)
1	梁济运河	山东省梁山县小路口镇红庙村	山东省济宁市中区唐口街道办事处加河村	91	3 201	济宁市梁山县、汶上县、嘉祥县、任城区、市中区
2	洸府河	山东省宁阳县堽城镇星泉村	山东省微山县鲁桥镇口门村	82	1 358	泰安市宁阳县;济宁市兖州市、任城区、市中区、微山县
3	万福河	山东省定陶区孟海镇东薛村	山东省济宁市中区喻屯镇大周村	76	1 283	菏泽市定陶区、成武县、巨野县;济宁市金乡县、鱼台县、市中区
4	洙赵新河	山东省东明县菜园集乡宋寨	山东省济宁市中区喻屯镇刘官屯东村	143	4 200	菏泽市东明县、牡丹区、郓城县、巨野县;济宁市嘉祥县、市中区

续表 2-1

序号	河流名称	河源地点	河口地点	河流长度（km）	流域面积（km²）	流经县（市、区）
5	洙水河	山东省菏泽牡丹区东城街道	山东省济宁市中区唐口街道办事处路口村	114	1 205	菏泽市牡丹区、定陶区、巨野县；济宁市嘉祥县、市中区
6	泗河	山东省平邑县仲村镇泽国庄	山东省微山县鲁桥镇仲浅村	163	2 403	临沂市平邑县；泰安市新泰市；济宁市泗水县、曲阜市、兖州市、邹城市、任城区、微山县
7	白马河	山东省邹城市大束镇凰翥村	山东省微山县鲁桥镇九孔桥村	58	1 057	济宁市邹城市、兖州市、微山县
8	北沙河	山东省邹城市香城镇前刘庄村	山东省微山县留庄镇留庄六村	61	519	济宁市邹城市；枣庄市滕州市；济宁市微山县
9	新薛河	山东省枣庄山亭区水泉镇柴山前村	山东省微山县昭阳街道办事处爱湖村	85	851	枣庄市山亭区、滕州市、薛城区；济宁市微山县
10	大沙河	江苏省丰县大沙河镇二坝村	山东省微山县张楼乡程子庙村	59	1 700	江苏省丰县、沛县；山东省微山县
11	复新河	安徽省砀山县玄庙镇玄庙村	山东省鱼台县谷亭街道办事处西姚村	76	1 812	安徽省砀山县；江苏省丰县；山东省鱼台县
12	东鱼河	山东省东明县刘楼镇刘楼	山东省鱼台县谷亭街道办事处缪集村	172	5 923	菏泽市东明县、牡丹区、曹县、定陶区、成武县、单县；济宁市金乡县、鱼台县
13	老万福河	山东省金乡县鱼山镇刘堂村	山东省鱼台县张黄镇梁岗村	33	563	济宁市金乡县、鱼台县

2.2 南四湖流域水资源现状

2.2.1 流域供水耗水分析

流域供水根据水源不同类型分为地表水、地下水和其他水源三大类。依据流域内各行政区 2016 年水资源公报发布的数据,以流域、水资源分区及行政分区为单元,分区、分类统计分析现状年流域供水情况。

2.2.1.1　地表水供水分析

地表水供水分为蓄水工程、引水工程、提水工程和调水工程四种类型分别统计。2016 年南四湖流域地表水源供水总量 387 696.7 万 m^3,其中蓄水工程 8 767.6 万 m^3、引水工程 4 683.1 万 m^3、提水工程 194 888 万 m^3、调水工程 179 358 万 m^3。

2016 年地表水供水量中山东省南四湖流域鱼台县最大,为 23 462 万 m^3,江苏省中铜山县最大,为 58 000 万 m^3(见图 2-1)。地表水供水量主要为湖西区,占总量的 79.54%,湖东区占总量的 20.46%,且流域内蓄水和引水全部为湖东区。从全流域看,蓄水、引水地表水源供水量相比提水和调水地表水源供水量相差较大,最大为提水,占 50.27%;引水最小,占 1.21%。各行政区各类地表水供水比例差别较大,济宁市和徐州市地表水主要为提水,供水比例超过 60%;而菏泽市主要为调水,供水比例高达 82.32%;枣庄市供水主要为蓄水,供水比例占 51.51%;泰安市主要为引水,供水比例占 55.49%(见图 2-2、图 2-3)。

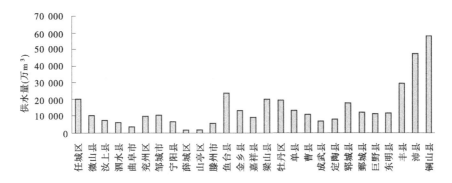

图 2-1　2016 年南四湖流域各县(市、区)地表水源供水量直方图

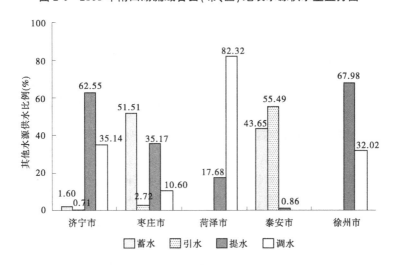

图 2-2　各行政分区各类地表水源供水量比例

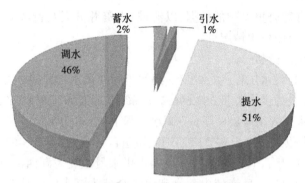

图2-3　流域各类地表水源供水量比例

2.2.1.2　地下水供水分析

2016年南四湖流域地下水源供水量247 978万 m^3,其中浅层水230 245万 m^3,深层承压水17 733万 m^3。

2016年南四湖流域地下水供水量中,山东省内滕州市最多为23 791万 m^3,泗水县最少为2 927.1万 m^3;江苏省内沛县最多为9 500万 m^3,铜山县最少为6 600万 m^3(见图2-4)。湖西区地下水供水量大于湖东区,地下水主要开采类型为浅层水,占总地下水量的63.93%。从行政区看,菏泽市地下水供水量最多,占43.98%;其次为济宁市,占32.41%;泰安市最小,为3.17%。湖东区全部为浅层水,湖西区主要为浅层水,占75%以上。济宁市和泰安市浅层地下水供水量为100%,菏泽市为94.61%、枣庄市为89.15%(见图2-5)。

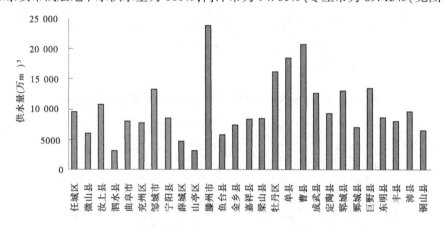

图2-4　2016年南四湖流域各县(市、区)地下水源供水量直方图

2.2.1.3　其他水源供水分析

2016年南四湖流域其他水源供水情况见图2-6。其他水源总供水量20 806万 m^3,其中集雨465万 m^3、污水20 341万 m^3。南四湖流域其他水源主要为污水处理回用,供水量占总其他水源的97.83%,其次为雨水利用,占2.17%,无海水淡化(见图2-7)。

2.2.1.4　总供水分析

南四湖流域2016年现状总供水量681 180.7万 m^3,其中地表水387 696.7万 m^3、地下水272 078万 m^3、其他水源21 406万 m^3(见图2-8)。

2016年南四湖流域供水水源地表水占的比例最大为56.92%。其次为地下水,占

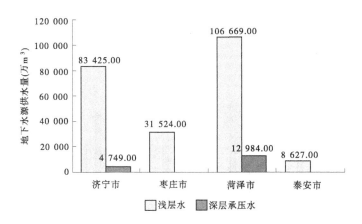

图 2-5   各行政分区各类地下水源供水量图

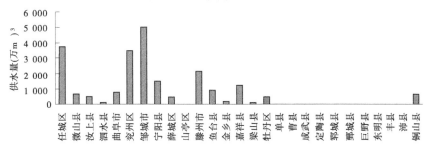

图 2-6   2016 年南四湖流域各县(市、区)其他水源供水量直方图

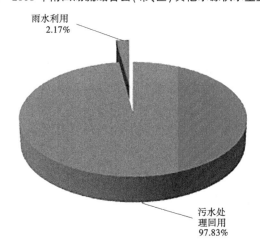

图 2-7   流域各类其他水源供水比例

39.94%,其他水源仅占 3.14%(见图 2-9)。

2.2.2   现状用水分析

2016 年南四湖流域总用水量为 665 404.3 万 m³,其中生产用水量 583 103.11 万 m³、生活用水量 63 107.56 万 m³、生态用水量 19 193.63 万 m³。

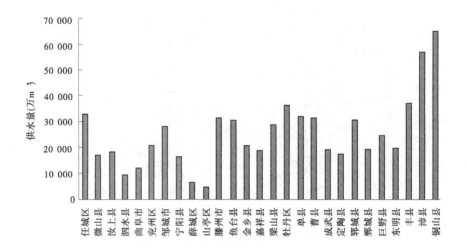

图 2-8　2016 年南四湖流域各县(市、区)总供水量直方图

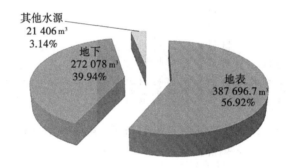

图 2-9　南四湖流域 2016 年供水构成图(单位:万 m³)

　　山东省南四湖流域菏泽市牡丹区用水量最大,为 36 014 万 m³;其次是任城区为 32 878.3 万 m³。江苏省中以铜山县最大,为 65 200 万 m³(见图 2-10)。从行政区看,济宁市用水量最大,占 34.50%;其次为菏泽市,占 33.63%;枣庄市,占 6.10%;徐州市,占 23.33%;泰安市最少,仅占 2.44%。南四湖流域主要用水为生产用水,占 87.63%;其次为生活用水量,占 9.48%(见图 2-11)。

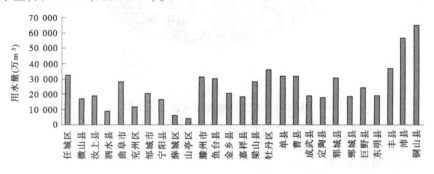

图 2-10　2016 年南四湖流域各县市区总用水量直方图

2.2.3　供需水平衡分析

以 2016 年为现状水平年,以 2030 年为规划水平年,根据基准方案、推荐方案下南四湖流域各用水部门的需水量及南四湖流域的可供水量,分析南四湖流域在"一次供需平衡分析"及"二次供需平衡分析"下的缺水情况。

通过流域"一次供需平衡分析"和"二次供需平衡分析",表明在现有供水条件下,南四湖流域供水能力不足,50%供水保证率下,

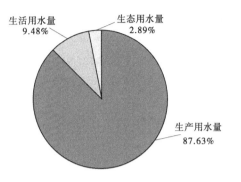

图 2-11　2016 年南四湖流域用水构成图

流域总体满足需水要求,个别城市(如菏泽市、泰安市)存在一定缺水情况;75%保证率下,除枣庄市外,济宁市、菏泽市、泰安市、徐州市均未达到需水要求,仍然存在缺水情况。考虑节水、再生水等"二次供需平衡分析"后,在 50%供水保证率下,流域总体满足需水要求;75%保证率下,流域部分地区仍未达到需水要求,如菏泽市、泰安市、徐州市仍然存在缺水情况。由此可见,二次供需平衡分析对于减少缺水率是有一定帮助的,但效果不佳,未来仍需采取其他措施以解决南四湖水资源短缺问题。

2.3　南四湖流域水环境现状

2.3.1　水功能区水质现状

2.3.1.1　南四湖湖区水功能区水质现状

根据 2014 年 1 月至 2018 年 7 月,南四湖湖区 10 个监测断面(见图 2-12)的水质监测数据,对南四湖现状水质进行了评价。结合《地表水环境质量标准》(GB 3838—2002)和水环境功能区划及水质目标,水质均符合Ⅲ类水水质标准。

南四湖湖区 10 个监测断面中,南阳监测断面 2015 年测得的 COD 值最高,为 19.24 mg/L;高楼监测断面 2015 年测得的 COD 值最低,为 8.84 mg/L;除 2015 年二级湖闸下和高楼监测断面 COD 值较低(约 9 mg/L)外,其余断面的 COD 值基本稳定在 14~20 mg/L,且年际变化趋势大致相同,可能与历年的水文气象情况有关(见图 2-13)。

南四湖湖区测得的氨氮浓度范围为 0.1~0.8 mg/L。其中,南阳监测断面 2015 年测得的氨氮值最高,为 0.76 mg/L;二级湖闸下监测断面 2018 年测得的氨氮值最低,为 0.12 mg/L。由图 2-14 可知,南四湖湖区监测断面氨氮具有逐年降低的趋势,这与近年来实施南四湖区域生态治理工程等措施密不可分。

综合南四湖湖区 10 个监测断面 COD、氨氮的监测数据,采用双指标法进行评价,南四湖湖区断面都满足地表水Ⅲ类水质标准,历年达标率均为 100%。从整体来看,南四湖湖区 COD 值除 2015 年偏低(约 15 mg/L)外,其余年份基本稳定在 17 mg/L 左右。南四湖湖区氨氮 2014~2016 年基本稳定在 0.53 mg/L 左右,2017 年大幅降低(约 0.25 mg/L),2018 年最低(0.18 mg/L),说明近年来南四湖湖区水质逐年改善,很大程度上源于近年来南

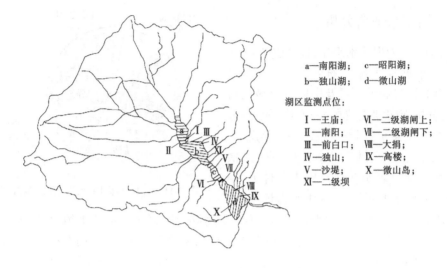

a—南阳湖；　　c—昭阳湖；
b—独山湖；　　d—微山湖

湖区监测点位：
I —王庙；　　　Ⅵ—二级湖闸上；
Ⅱ—南阳；　　　Ⅶ—二级湖闸下；
Ⅲ—前白口；　　Ⅷ—大捐；
Ⅳ—独山；　　　Ⅸ—高楼；
Ⅴ—沙堤；　　　Ⅹ—微山岛；
Ⅺ—二级坝

图 2-12　南四湖监测断面分布

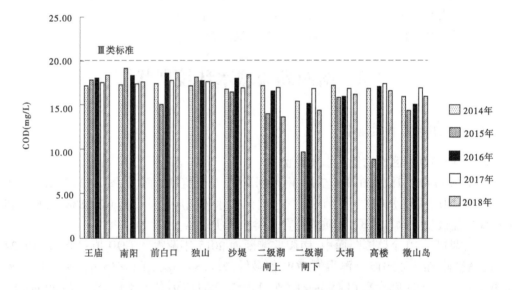

图 2-13　南四湖湖区监测断面 COD 变化趋势

水北调东线工程综合治理方案的实施。

2.3.1.2　主要入湖河流水功能区水质现状

南四湖承接苏、鲁、豫、皖四省 53 条河流来水,其中入湖河流流域面积超过 500 km²的有梁济运河、洙水河、洙赵新河、万福河、老万福河、东鱼河、复新河、大沙河、洸府河、泗河、白马河、北沙河、新薛河 13 条河流。通过对比 2008 年 1 月至 2017 年 12 月的水质监测结果可知,随着南水北调东线工程综合治理方案的实施,8 条入湖河流水质总体有所提升,但整体不佳。特别是仍有部分入湖河流断面水质较差,如新万福河的孙庄、洙赵新河的梁山闸和东鱼河的鱼台仍有劣 V 类水质出现。东鱼河的鱼台和洙水河的韭菜姜断面水质有变差趋势,特别值得注意。

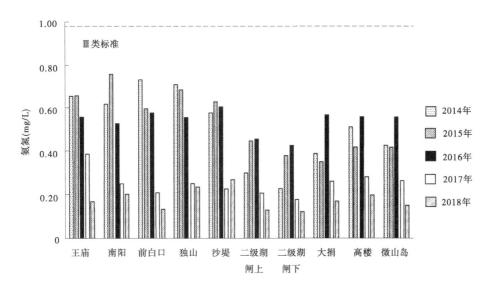

图 2-14　南四湖湖区监测断面氨氮变化趋势

通过对南四湖主要入湖河流东鱼河、梁济运河、洙水河、洙赵新河、白马河、洸府河、泗河、新万福河 2008~2018 年 10 年间的监测数据进行整理分析,得到南四湖入湖河流 COD 变化趋势,见图 2-15。可知 2009 年泗河与 2013 年洙赵新河监测的 COD 值存在明显的波

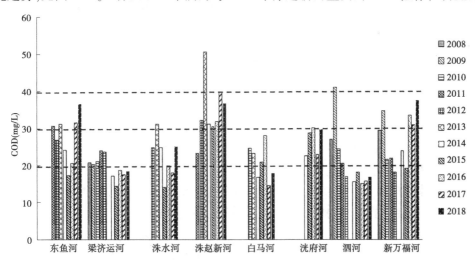

图 2-15　南四湖入湖河流 COD 变化趋势

动,可能与该年段进行的工程有关;南四湖主要入湖河流执行地表水Ⅲ类水质标准,除梁济运河、泗河 2014~2018 年监测的 COD 值均满足要求外,其余河流部分年段均不达标。总体来看,南四湖入湖河流水质随年度有所改善,但整体效果不佳。

南四湖主要入湖河流东鱼河、梁济运河、洙水河、洙赵新河、白马河、洸府河、泗河、新万福河 2008~2018 年 10 年间测得的氨氮变化趋势见图 2-16。由图 2-16 可知,除白马河 2012 年测得的氨氮数据存在异常波动外,其余入湖河流各年度氨氮数据变化基本稳定。南四湖主要入湖河流执行地表水Ⅲ类水质标准,除梁济运河、白马河各年度测得的氨氮值不满足要求外,其余入湖河流大部分年度测得的氨氮值均能达到标准,且南四湖各入湖河流氨氮值随年度逐渐减小且趋于平稳,说明随着治理方案的实施南四湖入湖河流水质有所改善。

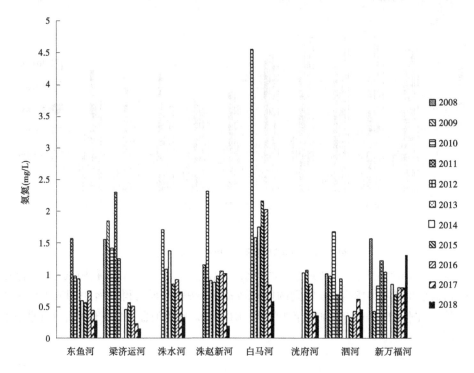

图 2-16　南四湖入湖河流氨氮变化趋势

综合分析南四湖主要入湖河流东鱼河、梁济运河、洙水河、洙赵新河、白马河、洸府河、泗河、新万福河 2008~2018 年 10 年间的水质监测数据,得到南四湖入湖河流水质达标率变化情况。从整体来看,随着南水北调东线工程综合治理方案的实施,南四湖入湖河流水质达标率有所提升,但整体效果不佳,水质情况存在明显的波动变化。

2.3.1.3　流域内中小型河道水质达标情况

根据 2018 年 4 月、7 月、9 月对流域内 40 条中小型河流共 79 个监测点位的水质监测和评价结果,总体来看流域内中小型河流水质达标率为 49.4%。

根据全指标评价结果,在 79 个监测点位中,有 2 个点位水质达到了地表水Ⅱ类标准,分别是李庙和彭河监测点位;达到地表水Ⅲ类标准的点位有 6 个,分别是寻坊桥、王堂、樊贵屯桥、邢庄桥、折桂集、老万福河;达到地表水Ⅳ类和Ⅴ类标准的点位分别有 28 个和 17 个;其余 26 个点位的水质情况均为劣Ⅴ类,约占总监测点位的 32.9%。

根据双指标评价结果,在 79 个监测点位中达到地表水Ⅰ类标准的有 3 个点位,分别是屯里站、樊贵屯桥和安济河监测点位;达到地表水Ⅱ类、Ⅲ类和Ⅳ类标准的分别有 15 个、15 个和 22 个监测点位;达到地表水Ⅴ类标准的监测点位有 5 个,分别是任城区红旗河、郭庙、贺桥桥、定陶三干沟和惠河监测点位;剩余监测点位水质情况均为劣Ⅴ类,共计 19 个,约占总监测点位的 24%。

由于河流多为入南四湖干流及支流,执行地表水Ⅲ类水质标准,选择重铬酸盐指数和

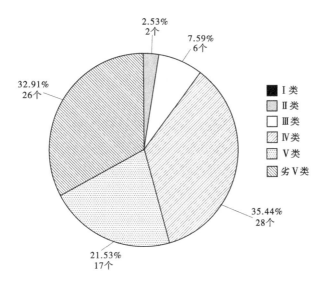

图 2-17　南四湖中小型河道全指标水质类别分布情况

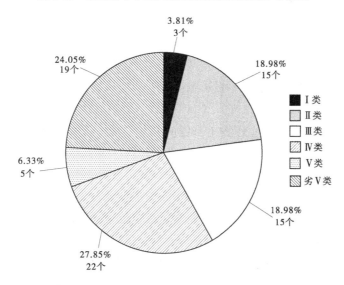

图 2-18　南四湖中小型河道双指标水质类别分布情况

氨氮这两个评价指标,对各监测点水质达标进行评价,达标的监测点有 40 个,不达标的监测点有 39 个,总体达标率百分比为 50.6%。

2.3.2　污染源分布及基本情况

2.3.2.1　城镇生活污水处理现状

　　南四湖地区县城建有基本完善的污水收集处理系统,但污水收集管网尚不完善,城区周边的乡镇(街道)生活污水多数收集至城区污水处理厂集中处理,其余部分乡镇均建成污水处理站,但是随着城镇化的快速发展,部分社区或新建小区生活污水仍未实现完全收集,存在污水直排现象。部分老城区仍然存在管网雨污分流不彻底,城区生活污水存在通过雨水口溢流入河现象。

2.3.2.2 面源污染现状

农业农村面源污染主要包括畜禽养殖污染、渔业养殖污染、农村生活污染、农业种植面源污染等,其中畜禽养殖等面源污染尤为突出。

1. 畜禽养殖污染

南四湖管理范围内存在畜禽养殖污染,主要养殖种类为鸡、鸭、猪等。部分养殖场畜禽粪污处理设施不完善,污水处理利用率低,畜禽粪便、污水未经处理排入水体,对水体产生污染。禁养区取缔关停和限养区规范改造工作进展缓慢,已被依法取缔的养殖场设施存在未完全清理等问题。

2. 渔业养殖污染

南四湖及主要入湖河道内及沿河湖区域仍有大面积鱼塘、网箱、网围养殖。挤占湖区水域,同时导致湖泊富营养化,养殖用水换水过程中,残饵、粪便等进入湖区,污染湖区水质,主要污染因子为COD、氮、磷等。

3. 农村生活污染

流域内村庄分布密集,人口较多。根据现场调查,沿岸及湖区农村地区污水处理系统不完善,部分村庄仍存在旱厕。居民洗澡洗涤污水、厨房污水等容易随雨水冲刷直接入湖或排入附近河流、排涝沟等,最终进入湖区。此外,部分湖区岸边存在垃圾乱放现象,对湖泊水质以及南四湖周边环境造成不良影响。

4. 农业种植面源污染

南四湖流域农业发达,种植作物主要包括小麦、水稻、玉米、豆类、棉花、花生等。种植方式主要为旱地及湖田种植等,一年两熟。施用化肥主要为氮肥、磷肥及钾肥,施用农药主要为除草剂、杀菌剂等。其中,湖田分布于湖区内,水田农药、化肥随径流水体和径流泥沙直排入湖区,旱田农药、化肥通过地表雨水或灌溉径流及地下淋溶直排入湖区,因此湖田种植流失的氮、磷、有机物等对于南四湖水质影响较大,易造成水体富营养化问题。

5. 船舶港口污染

南四湖、梁济运河是京杭运河航道的重要组成部分,常年有大型货运船舶通航,年货运能力达4 000万t。目前,航道上船舶主要是常年运行的货运船,船型多样,吨位差别大且部分货船环保设施不完善,生活污水、垃圾贮存或处理处置装置安装率低,在航行、停泊港口的过程中对湖区水质产生污染。

南四湖及梁济运河沿线有多处大小港口及码头、渡口,但存在未经过审批的码头、渡口,部分码头并未按照相关环保要求进行设计、建设和验收,污水垃圾收集和处理设施不完善,对湖区水质产生一定污染。

根据统计年鉴得出流域内目前污染源组成情况,企业污水排放、城镇污水处理厂尾水排放、生活污染源排放和农业面源排放比例分别为19.06%、7.09%、26.10%和47.75%(见图2-19),随着工业企业污染的控制和城镇污水处理厂的提标改造提升,农业面源成为南四湖流域的主要污染来源。

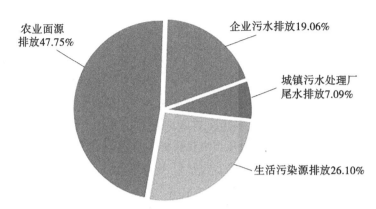

农业面源
排放47.75%

企业污水排放19.06%

城镇污水处理厂
尾水排放7.09%

生活污染源排放26.10%

图 2-19　南四湖流域污染源构成图

2.4　南四湖流域水生态现状

2.4.1　南四湖流域水生态系统组成

本次南四湖地区水生态系统组成成果来自 2015 年中旬《山东省南四湖平原洼地治理工程生态影响评价专题报告》中水生生态系统调查结果。调查点位包括老泗河(104 国道桥断面)、泥沟河(104 国道桥断面)、老万福河(东沟河入口断面)及老赵王河(327 国道桥断面);湖西洼地选择曹县三干沟(259 省道桥断面)及五里河(106 国道桥断面)。调查内容主要包括浮游生物、底栖生物、水生维管植物的种类、数量或生物量,鱼类种数、集中产卵场分布情况。

2.4.1.1　浮游植物

种类组成:6 个采样点共采集到浮游植物 47 属,隶属于蓝藻、绿藻、硅藻、裸藻、隐藻、甲藻等 6 个门。其中绿藻 21 属,占总数的 44.7%;硅藻 12 属,占总数的 25.5%;蓝藻 8 属,占总数的 17.0%;隐藻 1 属,占总数的 2.1%;裸藻 3 属,占总数的 6.4%;甲藻 2 属,占总数的 4.3%。浮游植物常见种类有硅藻门的直链藻、针杆藻、小环藻,绿藻门的盘星藻、集星藻、实球藻等。

2.4.1.2　浮游动物

种类组成:共采集到轮虫 4 属,包括枝角类 2 属和桡足类 2 属。

2.4.1.3　底栖生物

调查共采集到标本 8 属,包括腹足类 2 属、瓣鳃类 5 属以及水生昆虫 1 属,

2.4.1.4　水生维管植物

种类组成:调查区域的大型水生植物主要有四类:挺水植物、沉水植物、漂浮植物以及浮叶植物。挺水植物以芦苇、香蒲为;浮叶植物主要以莲属和浮萍属为主。

2.4.1.5　鱼类

调查共计鉴定鱼类 4 目 7 科 31 种,其中鲤科鱼类种数最多。在所调查区域内,鲤、鲫、乌鳢、黄颡鱼等分布较广。

2.4.2 南四湖地区采煤塌陷区生态现状

南四湖流域矿藏资源丰富,特别是煤炭资源分布面大,储量多,且煤种齐全,埋藏集中,煤质好,便于大规模开采。煤炭分布面积 392 000 hm²,煤层赋存较厚,大部分厚度达 8~12 m,累计探明煤炭资源储量 133 亿 t。煤炭常年开采导致大量土地塌陷,使得耕地不断减少,农业经济损失巨大。目前,流域采煤塌陷地总面积为 23 434.5 hm²,其中积水面积为 7 847 hm²。采煤塌陷地目前每年以 2 000 hm² 的速度增加,据预测,到 2020 年总塌陷面积为 48 770 hm²,其中常年积水面积将达到 19 334 hm²。

2.4.2.1 济宁市采煤塌陷区生态现状

济宁市煤炭开采可追溯到 20 世纪 60 年代,原兖州矿务局在邹城市的唐村煤矿建成投产,到 80 年代初,兖州煤田、滕南煤田和滕北煤田开始了大规模开采。截至 2015 年底,济宁市境内设立矿权 68 个。济宁市煤炭开采及塌陷区发展可以分为 4 个阶段:1958~1995 年为起始阶段,煤矿数量缓慢增加,煤炭产能缓慢增长,资源存量缓慢减少,未形成规模性塌陷;1996~2010 年为成长阶段,煤矿数量快速增长,产能迅速提高,资源存量衰减速度加快,土地塌陷问题开始凸显;2011~2020 年为成熟阶段,煤矿数量进入新增与闭坑并行,产能小幅减少,资源存量开始枯竭,土地塌陷问题日益严重;2020 年后逐渐进入资源开采后期,煤矿逐步闭坑,资源存量逐步枯竭,土地塌陷大规模持续增大。

根据《济宁市采煤塌陷地治理规划》(2016~2030 年),济宁市采煤塌陷区占地为 41 278.3 hm²,其中,积水面积为 9 782.8 hm²。截至 2015 年底,全市共治理采煤塌陷地 15 007.1 hm²,其中,历史遗留采煤塌陷地 3 641.1 hm²。据预测,到 2020 年,济宁市采煤塌陷区规模为 52 252.9 hm²,比 2015 年底增加 10 974.7 hm²。其中,轻度塌陷地为 16 223.5 hm²,占 31.0%;中度塌陷地为 17 659.4 hm²,占 33.80%;中度采煤塌陷地为 18 370.0 hm²,占 35.2%。其中,占用耕地 21 178.7 hm²,占总面积的 51.3%;水域及水利设施用地 12 252.4 hm²,占总面积的 29.7%;城镇村及工矿用地为 4 613.4 hm²,占总面积的 11.2%;园地为 237.0 hm²,林地占地 1 424.3 hm²,草地 175.8 hm²,交通运输用地为 863.2 hm²,其他用地 533.5 hm²。济宁市三号井煤矿采煤塌陷区见图 2-20。

图 2-20　济宁市三号井煤矿采煤塌陷区

2.4.2.2　菏泽市采煤塌陷区生态现状

菏泽市目前共有生产煤山 7 座,由北向南分别是郓城的郓城煤矿、彭庄煤矿、郭屯煤矿、赵楼煤矿,巨野县的新巨龙煤矿,单县的蛮庄煤矿、张集煤矿。菏泽市采煤塌陷区占地为 2 845.7 hm²,积水面积为 390.0 hm²,其中,耕地绝产区面积 1.97 万亩(1 亩 = 1/15 hm²,下同),减产区面积 1.19 万亩,治理完成塌陷地面积 1 006.7 hm²。菏泽市地处黄泛平原,采煤沉降系数大,且是高潜水位区,煤炭开采将会造成大面积土地塌陷,塌陷深度普遍在 4.8 ~7.2 m。导致土地表面形态的破坏,大面积的耕地无法使用,土壤退化严重,并造成局部潜水位接近或露出地表,从而影响地表作物和植物的生长,导致生态环境的恶化。同时,采煤塌陷还会导致地区基础设施的破坏,对地方的房屋和公路、通信、排灌等基础设施都造成了不同程度的损坏,尤其是道路的路基、路面受到的破坏,严重影响了地区人民的生活。菏泽市巨野县巨龙煤矿塌陷区见图 2-21。

图 2-21　菏泽市巨野县巨龙煤矿塌陷区

2.4.2.3　枣庄市采煤塌陷区生态现状

截至 2015 年,枣庄市实有历史遗留采煤塌陷地 23.39 km²,常年积水区 8.88 km²。多年持续开采导致大量的土地塌陷,导致枣庄市地质和生态环境受到严重破坏。随着采煤面积的扩大,在地表出现缓慢、连续的盆形塌陷坑,塌陷最大深度一般为煤层开采厚度的 70%~80%,一般平均深度为 3 ~ 4 m,最大深度可达十几米,塌陷面积约为煤层开采面积的 1.2 倍。全市累积煤矸石有 1 700 万 t,占压大量土地,现在每年还要产生 80 万 t 煤矸石。而煤矸石的自燃,释放出大量的二氧化硫,对周围环境污染严重。枣庄市生态环境受到了极大的危害和影响,严重影响了社会经济发展。近年来,枣庄市国土资源局积极推进采煤塌陷地治理工作,采取农业复垦、生态复垦、产业复垦 3 种模式进行治理全市煤矿塌陷地,治理面积已达 7.67 万亩,治理恢复耕地面积 4.51 万亩,修建改造水塘约 1 189 亩,封堵采煤废弃井 124 眼,持续推进矿山生态环境治理恢复。

2.4.3　南四湖地区水土流失及水土保持现状

2.4.3.1　水土流失现状

山东省境内南四湖流域涉及 28 个县(市、区),行政范围包括菏泽市、枣庄市、济宁市三个地级市的全部县(市、区)以及泰安市的宁阳县。根据《全国水土保持规划》,南四湖流域济宁市市中区、任城区、鱼台县、金乡县、嘉祥县、汶上县、梁山县、兖州市,菏泽市牡丹区、定陶区、曹县、单县、成武县、巨野县、郓城县、鄄城县、东明县处在北方土石山区(北方山地丘陵区)—华北平原区—黄泛平原防沙农田防护区,区划代码为Ⅲ-4-2t;枣庄市市中区、薛城区、峄城区、台儿庄区、山亭区、滕州市,济宁市泗水县、曲阜市、邹城市、微山县,泰安市宁阳县处在北方土石山区(北方山地丘陵区)—泰沂及胶东山地丘陵区—鲁中南低山丘陵土壤保持区,区划代码为Ⅲ-5-3fn。区内土壤容许流失量为 200 t/(km²·年)。

1. 水土流失类型

受气候、地质地貌、水文、土壤、植被等自然条件影响,山东省南四湖流域土壤侵蚀主要以水力侵蚀为主,约占总侵蚀面积的94%,由大气降水产生的地表径流对土壤及其母质进行剥蚀、搬运和沉积,土壤颗粒被水流冲刷的同时,土壤中的有机质和矿物营养元素也随之流失。其次是风力侵蚀,约占总侵蚀面积的6%,突出表现在黄泛平原区,该区域土壤以沙土、粉沙土和粉土为主,质地松散,且区域植被覆盖度不高,一般4级以上风力即可造成扬沙,而该区域春旱的气候特点,加剧了风力侵蚀。

2. 水土流失面积及侵蚀强度

根据《山东省水土保持规划(2016~2030 年)》《济宁市水土保持规划(2018~2030年)》《菏泽市水土保持规划(2018~2030 年)》《枣庄市水土保持规划(2018~2030 年)》,南四湖流域所涉行政县区水土流失面积约 2 229.03 km²,约占流域内总行政区土地面积的7.65%。以中轻度侵蚀为主,其中轻度侵蚀面积约 1 100.86 km²,中度侵蚀面积约647.63 km²,中轻度侵蚀面积约占全部侵蚀面积的78%。另有强烈侵蚀面积约158.43 km²,极强烈侵蚀面积约220.94 km²,剧烈侵蚀面积约101.17 km²(见图2-22),侵蚀强度中度以上的区域主要分布在南四湖湖东片,济宁泗水县、曲阜市、邹城市、枣庄山亭区、滕州市、宁阳县等县域内的低山丘陵地带。

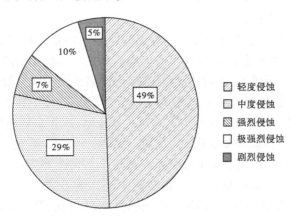

图 2-22　山东省南湖流域土壤侵蚀强度分级情况

从水土流失类型分布来看,水力侵蚀在南四湖流域各县区均有分布,其中湖东片以水力侵蚀为主,湖北、湖西片自东向西风力侵蚀有逐渐增强的趋势,其中兖州市、梁山县、金乡县、单县、巨野、成武、郓城风力侵蚀面积比例均在40%以上(见图2-23)。

2.4.3.2　水土保持现状

根据《水利部办公厅关于印发〈全国水土保持规划国家级水土流失重点预防区和重

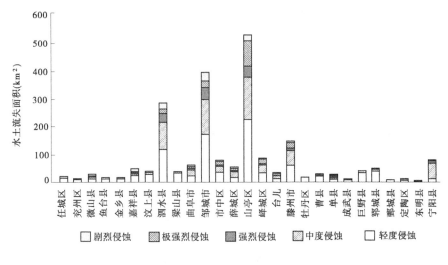

图2-23 山东省南湖流域水土流失分布情况

点治理区复核划分成果〉的通知》(办水保〔2013〕188号)、《山东省水利厅关于发布省级水土流失重点预防区和重点治理区的通告》(鲁水保字〔2016〕1号),山东省南四湖流域内的菏泽市牡丹区、曹县、单县、郓城县、鄄城县、东明县、成武县属国家级水土流失重点预防区,济宁邹城市、泗水县属国家级水土流失重点治理区,微山县属南四湖省级水土流失重点预防区,曲阜市属尼山省级水土流失重点预防区;枣庄市市中区、薛城区、峄城区、滕州市属尼山南麓省级水土流失重点治理区;宁阳县属泰山西麓省级水土流失重点治理区。

根据山东省水土保持第一次普查成果,截至2011年,山东省南四湖流域水土保持措施保存面积约5 291.697 km²(按照涉及行政区进行统计),"十二五"期间,完成水土流失综合防治面积约736.38 km²,按照保存率85%计列,2016年底,流域内水土保持措施保存面积约5 917.62 km²。

2.5 南四湖流域水景观现状

2.5.1 区域内景观生态体系组成

在工程所在区域内,景观生态体系由下列组分组成:

(1)农田为主的生态系统,属引进拼块中的种植拼块,工程区内农作物以麦-豆、麦-高粱、麦-水稻为主,在该区域分布广泛,连通度高,对本区环境质量具有重要的动态控制功能。

(2)河流水生生态系统,项目区水生生态系统中栖息着浮游生物(藻类、水草等)、底栖生物、鱼类和分解者生物(各种微生物)群落。属环境资源拼块,面积较小,主要是本次治理河流,对生态环境质量具有重要的调控作用。

(3)林草生态系统,工程区域属暖温带落叶林地带、暖温带南部落叶棕林亚地带。地带植被多为落叶栎林为代表的落叶阔叶林。境内农垦历史悠久,原始植被已不复存在,现有植被多为次生植被和人工植被。沿湖西人工林主要为：杨树、柳树、刺槐、榆树、泡桐、臭椿等，以杨树为主要品种。属环境资源拼块，面积较小，主要沿堤防分布，对当地生态环境质量具有明显的控制作用。

（4）村庄、城镇等人工生态系统，是引进拼块中的聚居地，是受人类干扰的景观中最为显著的成分，是人造的拼块类型，具有低的自然生产能力和物理稳定性。

揭示评价区土地利用及覆盖特征是生态评价的基础。本评价以遥感影像数据为基础数据，采用遥感与地理信息系统手段，对南四湖流域范围内 2000 年、2015 年及 2019 年的土地利用及覆盖进行分析。

由表 2-2 及图 2-24 可以看出，评价区农田分布广泛，连通程度较高，农田面积约占评价区总面积的 2/3，为评价区主要土地利用类型，其次为居住及建设用地。由此表明，评价区人为干扰活动强烈，土地农业化程度较高，生态环境质量一般。2000～2019 年，农业用地及草地类型逐步降低，水域面积和建设用地面积逐步增加（见图 2-25）。

表 2-2　南四湖流域土地利用类型变化特征

类型	2000 年		2015 年		2019 年	
	面积（km²）	面积占比（%）	面积（km²）	面积占比（%）	面积（km²）	面积占比（%）
耕地	19 906.52	69.65	18 775.15	65.69	18 164.64	63.56
林地	1 515.2	5.30	1 290.09	4.52	1 248.73	4.37
园地	317.86	1.11	289.97	1.01	282.31	0.99
草地	1 304.81	4.57	1 198.99	4.20	1 133.24	3.96
水域	1 702.53	5.96	2 121.76	7.42	2 126.98	7.44
建设用地	3 833.54	13.41	4 904.5	17.16	5 624.56	19.68
合计	28 580.46		28 580.46		28 580.46	

2.5.2　水利风景区概况

水利风景区，是指以水域（水体）或水利工程为依托，具有一定规模和质量的风景资源与环境条件，可以开展观光、娱乐、休闲、度假或科学、文化、教育活动的区域。水利风景区在维护工程安全、涵养水源、保护生态、改善人居环境、拉动区域经济发展诸方面都有着极其重要的功能作用。加强水利风景区的建设与管理，是落实科学发展观、促进人与自然和谐相处、构建社会主义和谐社会的需要。

水利风景区分为水库型、湿地型、自然河湖型、城市河湖型、灌区型及水土保持 6 类。水利风景区的建设和管理对推进生态文明建设、引导社会建立人水和谐的生产生活方式、建设资源节约型和环境友好型社会具有重要意义。

截至 2018 年底，南四湖流域现已创建国家水利风景区 17 处，省级水利风景区 32 处。

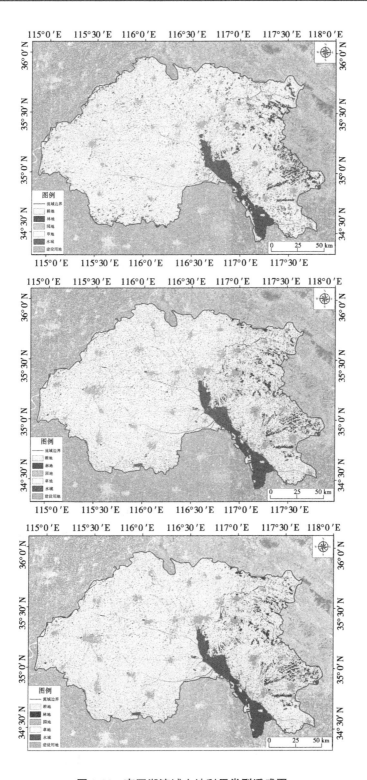

图 2-24　南四湖流域土地利用类型遥感图

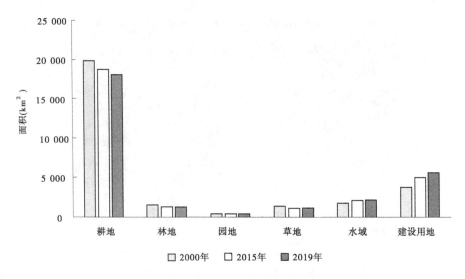

图 2-25　南四湖流域土地利用类型变化

表 2-3　南四湖流域创建的国家水利风景区

序号	名称	地市	级别
1	微山湖旅游区	济宁	国家级（2013 年第十三批）
2	枣庄滕州微山湖湿地红荷旅游区	枣庄	国家级（2008 年第八批）
3	单县浮龙湖生态旅游景区	菏泽	国家级（2011 年第十一批）
4	蓼河景区	济宁	国家级（2014 年第十四批）
5	金乡金水湖旅游区	济宁	国家级（2015 年第十五批）
6	济宁市南池景区	济宁	国家级（2015 年第十五批）
7	成武县文亭湖风景区	菏泽	国家级（2015 年第十五批）
8	山东菏泽黄河水利风景区	菏泽	国家级（2011 年第十一批）
9	菏泽市赵王河水利风景区	菏泽	国家级（2010 年第十批）
10	单县东沟河绿色生态长廊水利风景区	菏泽	国家级（2014 年第十四批）
11	巨野洙水河水利风景区	菏泽	国家级（2014 年第十四批）
12	金乡羊山湖水利风景区	济宁	国家级（2016 年第十六批）
13	抱犊崮龟蛇湖水利风景区	山亭区	国家级（2007 年第七批）
14	岩马湖水利风景区	山亭区	国家级（2008 年第八批）
15	台儿庄运河水利风景区	台儿庄区	国家级（2009 年第九批）
16	城河水利风景区	山亭区	国家级（2013 年第十三批）
17	沂河水利风景区	曲阜市	国家级（2014 年第十四批）

表 2-4　南四湖流域创建的省级水利风景区

序号	县市	风景区名称	级别
1	薛城	蟠龙湿地公园	省级
2	薛城	黑峪水利风景区	省级
3	枣庄市	龙床水利风景区	省级
4	枣庄市	东湖水利风景区	省级
5	滕州市	荆河龙泉风景区	省级
6	薛城区	杨峪水利风景区	省级
7	山亭区	龙门观水利风景区	省级
8	山亭区	翼云湖水利风景区	省级
9	山亭区	辛庄水库水利风景区	省级
10	山亭区	龙河古镇伏羲平湖水利风景区	省级
11	曲阜市	孔子湖水利风景区	省级
12	曲阜市	九仙山天池水利风景区	省级
13	曲阜市	石门山水利风景区	省级
14	邹城市	狼舞山水利风景区	省级
15	邹城市	峄山湖水利风景区	省级
16	泗水县	西侯幽谷水利风景区	省级
17	泗水县	贺庄水库水利风景区	省级
18	泗水县	龙门山水利风景区	省级
19	泗水县	泗水滨水利风景区	省级
20	泗水县	泉林泉群水利风景区	省级
21	泗水县	圣源湖水利风景区	省级
22	汶上县	莲花湖湿地水利风景区	省级
23	梁山县	梁山泊水利风景区	省级
24	金乡县	金济河千寿湖水利风景区	省级
25	嘉祥县	麒麟湖公园水利风景区	省级
26	嘉祥县	老赵王河水利风景区	省级
27	邹城市	蓝陵古城水利风景区	省级
28	郓城县	宋金河水利风景区	省级
29	曹县	四季河滨河湿地	省级
30	曹县	八里湾生态水利风景区	省级
31	东明县	五里河水利风景区	省级
32	东明县	万福河水利风景区	省级

2.5.3 水利风景区建设存在的问题

（1）景区特色尚待进一步打造。

（2）各地市间发展不平衡。部分地市的水工程资源和自然资源、人文景观的利用率不高。

（3）资金投入不足。水利风景区的基本目的和作用在于对水生态环境的保护和水工程安全的维护，对这些公益性的支出，各级政府由于受财力所限，缺乏应有的经费支持。

（4）政策方面。突出表现在旅游开发与水源地保护、设施建设与占地的关系方面，环保与土地问题成为了景区进一步开发的首要制约因素。

（5）景区经营管理水平粗放。部分现有景区的经营管理与水资源或水工程的管理一体化，分工不明，责任不清，机制不活，且缺乏必要的经营管理人才。

2.5.4 水文化建设存在的问题

目前，对水文化引领现代水利、可持续发展水利的重要支撑作用认识不足；水利法规体系尚待进一步完善，"政府主导、社会支持、群众参与"的水文化建设体制机制尚未建立；水文化研究与解决中国现实水问题结合不够紧密；水文化的传播还不够广泛深入；水文化建设的成果尚不能满足人民群众多元化、多样化、多层次的需求，水文化人才队伍建设亟待进一步加强。

2.6 南四湖流域水生态文明建设 SWOT 分析

本次研究采用 SWOT 分析法对当前南四湖流域在水生态文明建设中的优势（S）、劣势（W）、机遇（O）和危机（T）进行全面的分析，据此为南四湖流域水生态文明建设水平评价体系构建和优化方案的提出提供依据和参考。

2.6.1 优势分析

南四湖流域地理位置优越，自然资源丰富，部分县、市已实施水生态文明城市试点，流域已经具备水生态文明必需的条件和优势。

2.6.1.1 地表水资源丰富

南四湖流域自然条件优越，湖库星罗棋布、河流纵横交错，南水北调东线工程穿越，古运河纵贯，黄河水、长江水均作为区域供水水源，是山东省境内地表淡水资源最丰富的区域。

2.6.1.2 景观优势和生态资源优势

依托南四湖流域丰富的地表水资源和优越的自然条件，流域内生物多样性丰富，生态系统较为稳定，自然生产力较好，区域内生态保护红线区、湿地公园、水利风景区等生态功能区分布较广，具有良好的景观优势和生态资源优势。

2.6.1.3 煤炭资源丰富

流域内丰富的煤炭资源是经济发展的重要动力，形成了门类齐全、重工业快速发展的工业体系,保证了流域经济发展的稳定性。稳定良好的经济发展水平是南四湖地区水生态文明建设开展的重要保障。

2.6.1.4 水文化特色突出

流域内济宁市、菏泽市、枣庄市历史悠久,文化底蕴丰厚,文脉清晰、源远流长,南四湖风景名胜区、古运河文化、泗水文化、孔孟文化、黄河故道文化、牡丹文化和红色文化、新城区建设过程中的水休闲文化等,都是开发流域内发展特色水文化建设模式的主要依托和资源。

2.6.1.5 流域内水生态文明建设基础牢固

流域内曲阜、泗水、金乡、嘉祥等县区已开展水生态文明城市的建设,并已取得显著成果,为流域内水生态文明建设打下了良好的基础。另外,流域内各县区关于水生态文明已开展各种相关建设或已有规划,如现代水网建设、水资源优化配置、防洪工程建设、截污工程、河湖整治等。

2.6.2 劣势分析

2.6.2.1 产业结构不合理,绿色发展水平不高

南四湖流域产业结构较重,绿色发展水平较低,主要为资源依赖型发展模式,煤炭、化工、造纸等高污染、高消耗产业发达,重污染项目问题较为突出,流域内以煤为主的产业和能源结构在短期内难以实现转变,电厂、煤化工产业等聚集性产业布局、结构问题等造成流域内能源消耗和污染排放强度较高。流域内较重的能源产业结构和较低的城市化水平导致水生态环境改善工作点多面广、治理改善难度较大。

2.6.2.2 生态环境质量改善缓慢

环境风险源分布范围广且分布不合理,规模以上入河排污口集中于南四湖主要入湖河流,较集中的分布于湖区周边,流域煤化工企业较多,可能涉及危险废物泄露、非法倾倒等事故,可能造成较大环境污染事件。南四湖流域主要为平原区,农村分布广泛,农业种植业发达,农村生活污染及农业生产面源污染严重,是南四湖地区水生态文明建设面临的重大难题。

2.6.2.3 水资源短缺

虽然南四湖流域内地表水资源较丰富且有长江水、黄河水等优质的客水资源,但随着人口增加、工农业持续发展,水资源的供需矛盾日渐凸显,客水资源多作为农业灌溉和工业用水,而饮用水源多来自于地下水开采,导致区域内地下水超采问题严重。另外,由于降水的季节差异,并且缺乏足够的蓄水工程措施,丰水期大量优质水源流失。

2.6.2.4 采煤塌陷区问题显著

流域内煤炭产业发达,煤矿分布较广,随着开发利用强度的增加,因采煤导致的塌陷日趋显著,目前流域采煤塌陷地总面积为 23 434.5 hm^2,其中积水面积为 7 847 hm^2,且采煤塌陷地目前每年以 2 000 hm^2 的速度增加。采煤塌陷严重破坏了生态环境,地面沉降、塌陷区积水等问题显著,造成了诸如河道断流、地下水系破坏、耕地面积减少、房屋倾斜下陷、积水污染严重等现象。

2.6.3　机遇分析

2.6.3.1　水生态文明城市试点建设

2015年,济宁市获批国家级生态保护与建设示范区,成为全省唯一一家综合性市级示范区,开展生态乡镇、生态村、生态市建设,并取得良好成效。曲阜市、汶上县、泗水县等已开展水生态文明城市建设试点。菏泽市重拳出击开展生态文明建设,环境治理、生态修复领域一项项重点工程频频展开,花城、水邑、林海特色日益鲜明。在区域内生态文明建设已有成果基础上和现有利好政策条件下进一步开展水生态文明建设,是南四湖区域流域水生态文明建设的大好机遇。

2.6.3.2　河湖长制深入推广

随着河湖长制的逐年推进,河湖库的管理更加规范和步入正轨,堤防、防汛道路、桥梁闸坝等建筑物得到有效保护,入河湖排污日渐规范,水质改善显著。河湖长制的开展为南四湖流域水生态文明建设打下良好的制度管理基础和现状条件基础。

2.6.3.3　农村建设政策倾斜

美丽乡村建设、农村环境综合整治等政策是近年来农村环境改善的主要力量。打造乡村振兴齐鲁样板,农村人居环境要提挡升级,科学编制村庄规划,深化美丽乡村和美丽村居标准化建设,推进农村生活污水治理工作,开展乡村治理体系建设试点和示范村镇创建。农村环境建设政策的实施为南四湖流域水生态文明建设建立了良好的政策基础和环境基础。

2.6.3.4　采煤塌陷区可利用性高

南四湖地区采煤塌陷区分布广泛既是劣势也是机遇,塌陷区可开发湿地公园、水利风景区、雨虹资源调蓄池、水文化生态园、休闲文旅区、农业休闲区等,既能开发利用多样化水资源、改善水环境水生态现状,又能开发文旅产业和农业生产,同时带来经济效益、社会效益和环境效益。

2.6.4　危机分析

2.6.4.1　水生态文明意识欠缺,缺乏总体规划

尽管随着水生态文明城市试点的推进,水生态文明建设宣传的深入,社会节水、护水、爱水的意识逐渐深入人心,全社会的水生态文明意识普遍得到提升。但全社会对水生态文明建设的认识片面、了解不够,是流域内水生态文明建设发展的一大阻力。社会包括领导干部及普通群众片面地认为抓好水利设施建设就是建设水生态文明,对水资源、水环境、水生态、水安全、水文化等的内在关系、并存发展等问题缺乏应有的认识,对水生态文明的内涵认识不足。对水生态文明建设缺乏长远的规划。在规划阶段局限于基本建设,缺少后续规划和后期维护也是生态文明意识欠缺的重要表现。

2.6.4.2　生态环境风险源较多

南四湖流域内重污染企业、地下水超采、生态破坏、采煤塌陷等风险源分布密集且不合理。工业危险废物等涉及行业广泛,且流域处于南水北调环境敏感区,重污染物产生、排放、处理处置都会有较大安全隐患,较大环境污染事件发生的后果严重,水安全应急保

障体系较为薄弱;流域内南四湖、梁济运河等作为南水北调的东线工程的主要输水干线同时承担着航运的任务,航运的发展为南水北调水质、流域生态安全带来一定程度的威胁;采煤塌陷区、地下水超采区分布广泛、湿地面积退化等,为水生态系统的安全稳定带来胁迫。

2.6.4.3　水生态系统人工干扰程度较大

南四湖流域生态功能既受人为因素影响又受自然因素影响。自然方面,气候变化是最重要的影响因素,但近年来,气候影响因素的自然调蓄调节功能逐渐被人为干扰因素弱化。随着地区城市、农业、工业、矿区等的快速发展,流域内水质、生态均受到不同程度的人为干扰,包括初期的水质生态恶化及后期通过采取人为措施后的水质与生态改善;公路、水利水电工程、建设项目开发等造成水域破碎化、岸坡景观、土地利用方式和植被覆盖变化带来的生态累积效应引起水生态系统结构和功能的改变,影响其稳定性,带来一定正面效应的同时也会带来一定的负效应;南四湖流域中的河道取水量占天然径流量的75%,占总进水量(含引水)的54%,取水量已超出了河流合理开发利用上限(40%),意味着流域的生态系统演变已不在自然平衡范围内,受到人类活动的深度影响。

南四湖流域在水生态文明建设中应发挥流域优势,利用好已有生态资源和基础条件,把握经济发展和政策机遇,将农村面源污染治理、塌陷区生态治理作为重点工作,在此基础上,提升流域水景观优势,弘扬流域水文化。

南四湖流域水生态文明建设 SWOT 分析见图 2-26。

Strengths　优势	Opportunity　机遇
1.南水北调东线工程输水干线受水区 2.南四湖自然保护区,水源涵养、水土保持、生物多样性生态动能区,具有景观优势和生态资源优势 3.煤炭资源丰富,经济发展势头良好	1.良好的政策环境,各县区积极建设水生态 2.农村环境综合整治和美丽乡村建设 3.河湖长制工作的开展 4.可利用采煤塌陷区拦蓄雨洪水功能
Weakness　劣势	Threats　危机
1.采煤塌陷区生态问题日趋突出 2.农村面源污染严重且范围广,工业污染源较密集,水质不能稳定达标 3.水资源短缺,枯水期天然径流少,地下水超采问题严重 4.较重的能源产业结构,煤化工企业多,绿色发展水平低	1.水生态文明意识欠缺 2.生态环境风险源密布,水安全应急体系建设薄弱 3.自然河湖水系人工干扰程度较高

图 2-26　南四湖流域水生态文明建设 SWOT 分析

第3章　南四湖地区流域水生态
文明建设评价体系构建

3.1　南四湖地区流域水生态文明建设评价体系组成

3.1.1　水生态文明建设评价体系指标选取原则

（1）选择的指标应能反映生态文明建设的内涵和特征，体现南四湖流域生态文明建设的现有水平，基本做到南四湖流域内较为客观地对生态文明建设做出全面、系统评价。

（2）经济社会的发展与生态文明建设相辅相成，选取的指标在考虑水资源合理利用和保护、水环境治理、水生态系统、水景观等的基础上，还应将经济社会发展情况纳入指标体系，从社会经济层面体现水生态文明的建设水平。

（3）选取指标应体现水生态文明建设水平的核心指标，对已有水生态文明评价体系研究中的评价指标进行统计筛选，考虑使用频率较高的评价指标是否适用于南四湖流域，将普遍适用且能体现南四湖流域水生态文明建设水平的指标纳入评价体系。

3.1.2　水资源评价体系

南四湖流域水资源体系主要考察水资源支撑区域经济社会可持续发展的能力，从区域水源情况和用水效率两方面进行评价。

3.1.2.1　水源情况

区域的水源情况评价指标包括水源保障程度、非常规水源利用情况和水源地保护情况、水源水质达标情况。

水源保障程度：区域供水要有水资源中长期供求计划和配置方案，制订年度取水计划，对区域地表水、地下水和客水进行统一调配，有备用水源地。评价指标体系以规划年75%保证率下评价范围内的缺水率表示，缺水率为总需水量与总供水量的差值与总需水量的比值。

非常规水源利用情况：区域对雨洪水、海水（折合淡水）、再生水等非常规水源的利用程度，以非常规水源供水量占区域总供水量的比例表示。

水源地保护情况：对水功能保护区划确定的饮用水源区，按照国家规定的范围和水质标准进行保护，并采取相应的措施。

水源水质达标情况：饮用水水源保护区的水质达标率。

3.1.2.2　用水效率

用水效率反映区域进步和发展对水资源的节约保护力度。评价指标包括规模以上工业万元增加值取水量、万元农业增加值取水量、地下水超采情况、供水管网漏损率和节水宣传教育。

规模以上工业万元增加值取水量:区域规模以上工业用水量和工业增加值之比。

万元农业增加值取水量:区域农业用水节水情况。

地下水超采情况:地下水超采区的面积占区域总面积的比例。

供水管网漏损率:管网漏水量与供水总量之比。

节水宣传教育:在当地主要广播、电视、报纸、网站等主流媒体开设节水专栏,区域内有节水宣传标语和广告,学校有节水教育课程等。

3.1.3　水环境体系评价

水功能区水质情况:采用年度双指标评价,按照水功能区的水质目标,对评价区域的地表水水质达标情况进行评价。

污染源处理处置情况:

(1)工业企业废水处理情况:考察工业企业排污口尾水的水质达标率。

(2)农村生活污水处理情况:区域农村生活污水集中处理的污水量占总生活污水排放量的比例。

(3)城镇生活污水处理情况:城镇生活污水进入市政污水管道且能达标排放的污水量占总生活污水排放量的比例。

(4)农业种植面源入河情况:农业种植污染物入河量与产生量的比例。

3.1.4　水生态体系评价

区域水生态体系主要从水域环境、生态岸坡与生物多样性、水土保持、采煤塌陷区治理等几个方面评价。

3.1.4.1　水域环境

区域水域环境评价指标包括水域面积、生态水量和水域水质。

水域面积:通过区域适宜水域面积率来考察。

生态水量:指维持水域生态和环境功能,进行水域生态建设所需的最小水量。

3.1.4.2　生态岸坡与生物多样性

生态岸坡:水域及周边各种植物(乔木、灌木、花卉、草皮和地被植物等)配置合理,具有较强的生态功能和观赏性,以绿化长度与水体岸线长度比来评价。

生物多择性:水域及周边的生物种类丰富,种群数量能维持水生态的良性循环。水体及周边区域内野生物种的数量应大于地区平均物种数量。

3.1.4.3　水土保持

积极开展区域水土保持工作,有效防治已有和人为新增水土流失,水土保持生态、经济和社会效益显著。主要评价指标包括生产建设项目水土保持方案编制、水土流失防治效果等。

生产建设项目水土保持方案编制情况:通过区域生产建设项目水土保持方案申报率、

实施率和验收率来评价。

水土流失防治效果:通过水土流失治理面积占土地总面积的比例,即水土流失治理率来评价。

3.1.4.4　采煤塌陷区治理

南四湖流域矿藏资源丰富,特别是煤炭资源分布面大,储量多,且煤种齐全,煤炭常年开采导致大量土地塌陷,使得耕地不断减少,且易造成各类地质灾害。采煤塌陷区是南四湖地区的重要特点之一,因此采煤塌陷区的生态治理情况是南四湖地区水生态文明建设的重要一环。采煤塌陷区生态治理面积恢复率指经生态治理达到一定农用、景观、生态、蓄水、防洪等效果的塌陷区治理面积占区域总塌陷面积的比例。

3.1.5　水景观体系评价

区域水景观体系主要考察区域水域周边的风景、风貌和特色,从生态水系治理、水利风景区建设和文化承建体建设三个方面评价。

3.1.5.1　生态水系治理

生态水系治理是区域中的河流、湖泊、湿地等水体应得到有效保护和治理。评价指标包括生态河道、湖泊、湿地保护和治理程度,保护和治理的长度(面积)。

3.1.5.2　水利风景区建设

评价指标为区域单位面积内所有水利风景区的数量和级别。

3.1.5.3　文化承载体建设

区域水体沿岸景观丰富,应注重自然生态保护,展现当地文化特色,形成区域特有的风光带,亲水景观与人良好共生,为居民营造良好的生活、娱乐及休闲空间。评价指标为水域及周边环境观赏性、亲水性、人文特色及整体景观效果。

3.1.6　水管理体系评价

水管理体系是指运用法律、行政、经济、技术等手段对水资源的分配、开发、利用、调度和保护进行管理的各种活动,以求可持续地满足社会经济发展和改善环境对水的需求。从规划编制、管理体制机制、公众水生态文明建设认知度、水利智慧管理情况等方面评价。

3.1.6.1　规划编制

规划编制包括现代水网建设、防洪、供水、水污染防治规划编制情况和水事应急处理预案的编制情况。评价指标为各个规划和方案的编制情况及政府批准情况。

3.1.6.2　管理体制机制

管理体制机制指涉水部门管理机构、管理制度和人员职责。评价指标为机构健全、制度完备、人员配置合理,水管部门可采用水利部审核评定的级别。

3.1.6.3　公众水生态文明建设认知度

公众水生态文明建设认知度指公众对区域水生态文明的概念及主要任务的熟悉程度,水生态文明宣传教育等的开展情况。

3.2　南四湖地区流域水生态文明评价指标体系与评价方法

3.2.1　评价指标体系框架

根据南四湖流域水生态文明建设现状,在水利部出台的《水生态文明城市建设评价导则》(SL/Z 738—2016)、山东省公布的《山东省水生态文明城市评价标准》(DB37/T 2172—2012)等评价体系基础上,参照已有的关于城市水生态文明评价体系相关的研究,选取适用于南四湖流域水生态文明建设实际情况的评价指标,从水资源保护、水环境治理、水生态修复、水景观建设、水管理共 5 个方面对南四湖流域水生态文明建设情况进行评价(见表 3-1)。本指标评价体系突出了南四湖地区流域水生态文明特点:

表 3-1　南四湖地区流域水生态文明评价指标体系框架

目标层	准则层	中间层	指标层
水生态文明评价体系	B1 水资源体系	B1-1 水源情况	C11 水源供水保障情况(75%保障率下的缺水率)
			C12 非常规水源数量占区域总供水量比例
			C13 水源地保护
			C14 水源水质达标率
		B1-2 节水情况	C15 规模以上工业万元增加值取水量
			C16 万元农业增加值取水量
			C17 供水管网漏损率
			C18 地下水超采区面积占比
			C19 节水宣传教育
	B2 水环境体系	B2-1 水质情况	C21 水功能区水质达标率(双指标评价)
		B2-2 污染源整治情况	C22 工业企业废污水达标处理率
			C23 农村生活污水集中处理率
			C24 城镇生活污水达标处理率
			C25 农业种植面源污染物入河量/耕地面积
	B3 水生态体系	B3-1 采煤塌陷区治理情况	C31 采煤塌陷区生态治理面积恢复率
		B3-2 水域生态	C32 区域适宜水面率(河流、湖泊、湿地等)
			C33 生态流量满足程度
			C34 河流纵向连通性(拦河闸坝等建筑物数量/100km)
		B3-3 岸坡	C35 生态岸坡比例
			C36 水土流失整治率
		B3-4 水生生物多样性	C37 水生生物完整性指数
		B3-5 防洪安全	C38 防洪堤达标率
			C39 防洪除涝达标率
			C310 洪涝灾害预警防治体系完备率

续表 3-1

目标层	准则层	中间层	指标层
水生态文明评价体系	B4 水景观体系	B4-1 湿地建设情况	C41 湿地面积增长率 C42 湿地有效保护率
		B4-2 水文化	C43 水文化承载体数量(个/万 km²)
		B4-3 水利风景区建设	C44 国家级水利风景区(个/万 km²) C45 省级水利风景区(个/万 km²)
	B5 水管理体系	B5-1 规划编制	C51 现代水网建设、防洪、供水、水污染防治规划和水事应急处理预案情况
		B5-2 管理体制机制	C52 水管单位机构、制度和经费落实情况
		B5-3 水管理信息系统建设	C53 信息化覆盖率(水资源信息化建设、水污染预警监控能力等)
		B5-4 公众认知度	C54 公众对水生态文明建设的认知度

（1）采煤塌陷区面积逐年扩大，且积水面积占比较高，塌陷区的生态治理成为南四湖流域水生态文明建设的重要内容之一。

（2）农村面源污染问题突出，包括农业种植造成的化肥农药污染及农村生活污水未得到有效治理。

（3）南四湖流域大部分地区位于南水北调东线输水干线重点保护区及一般保护区范围内，流域内水体水质要求较高，因此在评价指标体系中体现出水质保护的重要性。

（4）南四湖流域地区地势相对平坦低洼，行洪排涝为流域内河道、沟渠的主要功能，因此河道行洪标准达标情况为指标体系中重要的一项。

3.2.2　评价分级标准

评价体系中每一项评价指标赋值满分为 100 分，参照国内外已有研究成果，结合南四湖流域生态文明建设现状情况，确定各评价指标及评价体系的分级标准，将南四湖流域水生态文明情况划分为优（Ⅰ级）、良（Ⅱ级）、中（Ⅲ级）、差（Ⅳ级）四个等级，分级标准如表 3-2 所示。

表 3-2　南四湖流域水生态文明评价等级分类

序号	得分区间	评价等级
1	≥80 分	优（Ⅰ级）
2	60~80 分	良（Ⅱ级）
3	40~60 分	中（Ⅲ级）
4	≤40 分	差（Ⅳ级）

3.2.3 评价指标打分原则

根据南四湖流域的水生态文明现状及建设目标情况,参照国家或南四湖地区已有的规划指标或标准、城市水生态文明评价体系赋分原则、各类指标的行业标准或评价标准,确定本评价体系各项评价指标的打分原则。得分区间按照确定的分级标准分为 4 类,其中,可量化指标依据内插法计算得分,定性指标依据问题的严重性在区间范围内打分(见表3-3)。

表 3-3 评价指标打分原则

准则层	指标层编号	指标分级标准值			
		优(80~100分)	良(60~80分)	中(40~60分)	差(0~40分)
水资源	C11	满足需水	0~10%	10%~20%	20%~30%
	C12	≥15%	10%~15%	5%~10%	≤5%
	C13	全部饮用水源地划定保护区,措施完备	75%以上的饮用水源地划定保护区,措施基本完备	50%以上的饮用水源地划定保护区,措施不完备	饮用水源地划定保护区范围不足50%,措施不完备
	C14	90%以上	80%~90%	60%~80%	60%以下
	C15	≤10 m³/万元	10~16 m³/万元	16~25 m³/万元	≥25 m³/万元
	C16	≤200 m³/万元	200~500 m³/万元	500~800 m³/万元	≥800 m³/万元
	C17	≤10%	10%~15%	15%~20%	≥20%
	C18	≤10%	10%~30%	30%~50%	≥50%
	C19	主流媒体有节水专栏,市内有节水宣传标语,学校有节水教育课程	3项中缺1项	3项中缺2项	基本无节水宣传教育
水环境	C21	≥90%	80%~90%	60%~80%	≤60%
	C22	≥90%	80%~90%	60%~80%	≤60%
	C23	≥80%	60%~80%	40%~60%	≤40%
	C24	≥90%	80%~90%	60%~80%	≤60%
	C25	≤10 t/km²	10~20 t/km²	20~30 t/km²	≥30 t/km²

续表 3-3

准则层	指标层编号	指标分级标准值			
		优(80~100分)	良(60~80分)	中(40~60分)	差(0~40分)
水生态	C31	≥50%	40%~50%	30%~40%	≤30%
	C32	≥12%	8%~12%	4%~8%	≤4%
	C33	≥80%	70%~80%	60%~70%	≤60%
	C34	≤5 座/100 km	5~8 座/100 km	8~10 座/100 km	≥10 座/100 km
	C35	≥80%	70%~80%	60%~70%	≤60%
	C36	≥10%	5%~10%	1%~5%	≤1%
	C37	≥85%	75%~85%	60%~75%	≤60%
	C38	≥90%	70%~90%	50%~70%	≤50%
	C39	≤5%	5%~10%	10%~15%	≥15%
	C310	≥90%	80%~90%	70%~80%	≤70%
水景观	C41	≥10%	6%~10%	2%~6%	≤2
	C42	≥90%	80%~90%	70%~80%	≤70%
	C43	≥30 个/万 km²	20~30 个/万 km²	10~20 个/万 km²	≤10 个/万 km²
	C44	≥8 个/万 km²	5~8 个/万 km²	2~5 个/万 km²	≤2 个/万 km²
	C45	≥20 个/万 km²	10~20 个/万 km²	2~10 个/万 km²	≤2 个/万 km²
水管理	C51	规划方案齐备	规划方案基本齐备	规划方案部分缺项	基本规划、预案缺项较多
	C52	机构健全、制度完备、经费充足	机构基本健全、制度基本完备、经费基本充足	机构较不健全、制度较不完备、经费较不充足	机构不健全、制度不完备、经费不充足
	C53	≥75%	60%~75%	50%~60%	≤50%
	C54	≥90%	75%~90%	60%~75%	≤60%

3.2.4　评价方法

3.2.4.1　水生态文明建设水平计算

采用综合指数法对评价区域的水生态文明建设评价指标进行计算,得出水生态文明水平综合得分,根据表 3-3 确定的分级评价标准,确定评价区域的水生态文明建设水平。

$$E = \sum_{i=1}^{n} (E_i W_i) \qquad (3-1)$$

式中　E——评价区域整体水生态文明建设水平分值;

E_i——指标层第 i 项指标得分;

W_i——指标层第 i 项指标权重(全局指标权重)。

3.2.4.2 指标权重计算

采用层次分析法(AHP 法)计算评价指标体系中各项指标的权重。本评价体系中,将指标体系划分为 4 个层次,最高层为目标层,即水生态文明建设水平;其次为准则层,包括水资源、水环境、水生态、水景观、水管理 5 个因素;第三层为中间层,包含 16 个因素;底层方案层为指标层,共包含 32 个指标。对每一层的各因素构造两两比较的层次判断矩阵,根据双因素比较标度(见表 3-4),结合专家打分情况,计算各层次的指标权重,并通过了一致性检验($CR<0.1$,$CI>0$),结果见表 3-5。

表 3-4 双因素比较标度

因素 i 比因素 j	标度	因素 i 比因素 j	标度
同等重要	1	同等重要	1
稍微重要	3	稍微不重要	1/3
比较重要	5	比较不重要	1/5
非常重要	7	非常不重要	1/7
邻区中值	2,4,6,8	邻区中值	1/2,1/4,1/6,1/8

表 3-5 评价指标权重计算成果

准则层	准则层权重	中间层	中间层同级权重	中间层全局权重	指标层	指标层同级权重	指标层全局权重
B1	0.240 2	B1-1	0.833 3	0.200 1	C11	0.390 8	0.078 2
					C12	0.067 5	0.013 5
					C13	0.150 9	0.030 2
					C14	0.390 8	0.078 2
		B1-2	0.166 7	0.04	C15	0.347	0.013 9
					C16	0.134 7	0.005 4
					C17	0.347	0.013 9
					C18	0.134 7	0.005 4
					C19	0.036 5	0.001 5
B2	0.240 2	B2-1	0.5	0.120 1	C21	1	0.120 1
		B2-2	0.5	0.120 1	C22	0.428 7	0.051 5
					C23	0.147 2	0.017 7
					C24	0.230 4	0.027 7
					C25	0.193 7	0.023 3

续表 3-5

准则层	准则层权重	中间层	中间层同级权重	中间层全局权重	指标层	指标层同级权重	指标层全局权重
B3	0.416 5	B3-1	0.251 4	0.104 7	C31	1	0.104 7
		B3-2	0.175 6	0.073 1	C32	0.428 6	0.031 3
					C33	0.428 6	0.031 3
					C34	0.142 9	0.010 4
		B3-3	0.133 1	0.055 4	C35	0.333 3	0.018 5
					C36	0.666 7	0.037
		B3-4	0.144 3	0.060 1	C37	1	0.060 1
		B3-5	0.295 6	0.123 1	C38	0.249 3	0.030 7
					C39	0.593 6	0.073 1
					C310	0.157 1	0.019 3
B4	0.051 6	B4-1	0.454 5	0.023 4	C41	0.25	0.005 9
					C42	0.75	0.017 6
		B4-2	0.091	0.004 7	C43	1	0.004 7
		B4-3	0.454 5	0.023 4	C44	0.833 3	0.019 5
					C45	0.166 7	0.003 9
B5	0.051 6	B5-1	0.123 2	0.006 4	C51	1	0.006 4
		B5-2	0.272 6	0.014 1	C52	1	0.014 1
		B5-3	0.397 1	0.020 5	C53	1	0.020 5
		B5-4	0.207 1	0.010 7	C54	1	0.010 7

第 4 章   典型流域水生态文明建设现状评价与问题诊断

4.1   典型流域选择

从地形地貌、产业结构、行洪特征、污染源分布等,结合山东省历次水利规划,将南四湖流域划分为三个片区(见图 4-1):①南四湖湖东滨湖地区地形主要为山前平原,由于煤矿产业发达,造成煤矿采煤塌陷形成大面积塌陷区,滨湖湖水顶托至涝;②湖西滨湖平原地区工矿企业园区较为普遍,靠近济宁市城区,区域内产业结构既包括城镇建设又包括农业生产,滨湖湖水顶托至涝;③湖西平原地区,农业发达,灌溉时主要依靠引黄水,地面高程 45~60 m,排涝时自排。

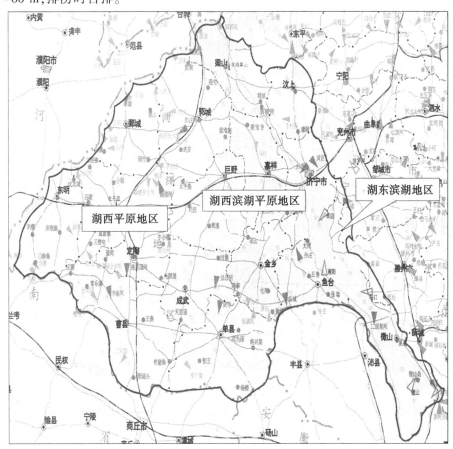

图 4-1   南四湖流域研究区域划分

　　根据代表性、全面覆盖、分类典型等原则,分别选择白马河、梁济运河和洙赵新河流域作为典型流域(见图4-2)。湖东滨湖地区分别选择白马河流域作为典型流域。白马河流域位于南四湖东北部,发源于邹城北部黄山白马泉,流经曲阜、兖州、邹城、微山4县市,于微山县鲁桥镇九孔桥村入独山湖,部分区域属于山区,流域内煤炭行业及化工业发达,新兴能源工业基地,经济发展势头良好,采煤塌陷区分布较广,由于滨湖顶托作用,部分区域防洪除涝问题显著;湖西滨湖平原地区选取梁济运河作为典型流域,流域位于南四湖北部地区,处于滨湖平原地区,梁济运河是湖西济(宁)北地区防洪排涝、承泄黄河超标准洪水东平湖滞洪底水的任务、引黄补湖、灌溉航运及南水北调输水等大型综合功能利用河道,功能和地位较为特殊,流域内可分为济宁市主城区和传统农业区两部分,工商业发达,同时农业也占据重要地位,主城区采煤塌陷区分布较广;湖西平原地区选取洙赵新河作为典型流域,干流起源于菏泽市东明县菜园集镇宋寨村,自西向东流经菏泽市的东明县、牡丹区、郓城县、巨野县、济宁市的嘉祥县、任城区等6个县(区),于任城区喻屯镇刘官屯村东入南阳湖,洙赵新河流域属黄泛冲积平原,受黄泛影响,形成了岗洼相间、大平小不平的较为复杂的微地形地貌,流域内水源主要为黄河水,农业产业发达,引黄灌区纵横分布,大型煤矿分布较为广泛。

　　以3个典型流域作为研究目标,以2018年作为基准年,调查各流域范围内水资源、水环境、水生态、水景观、水管理现状及存在的问题,在此基础上,根据南四湖流域水生态文明建设评价体系对三个流域从水资源、水环境、水生态、水景观及水管理五个方面进行综合评价。

4.2　洙赵新河流域水生态文明现状评价

4.2.1　流域概况

　　洙赵新河是鲁西南地区的一条大型防洪、排涝、灌溉河道,也是山东省骨干河道之一。洙赵新河流域西靠黄河,东临南阳湖,北接梁济运河流域,南与万福河和东鱼河搭界。位于北纬35°11′~35°47′,东经115°04′~116°35′。干流起源于菏泽市东明县菜园集镇宋寨村,自西向东流经菏泽市的东明县、牡丹区、郓城县、巨野县、济宁市的嘉祥县、任城区等6个县(区),于任城区喻屯镇刘官屯村东入南阳湖,全长143 km,流域面积4 628 km²。

　　洙赵新河流域(见图4-3)属黄泛冲积平原,地势西高东低,西部地面高程57.40 m(1985年国家高程基准,下同)左右,东部滨湖地面高程为34.00 m左右,地面坡度在1/12 000~1/5 000。受黄泛影响,形成了岗洼相间、大平小不平的较为复杂的微地形地貌。

　　洙赵新河流域面积50 km²以上的一级支流共8条,分别为郓巨河、徐河、鄄郓河、安兴河、巨龙河、太平溜、邱公岔、渔沃河等。

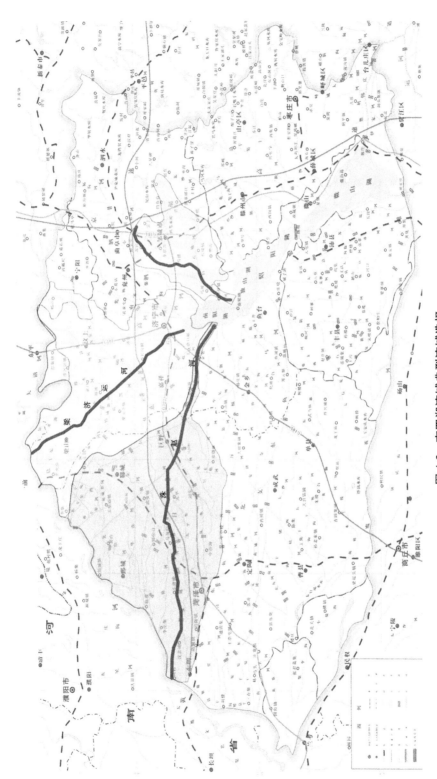

图 4-2　南四湖流域典型流流域选择

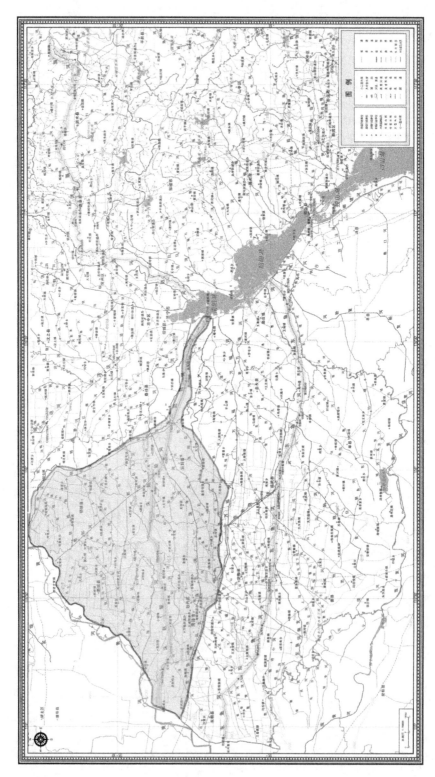

图 4-3　洙赵新河流域

4.2.2　水资源体系评价

根据建立的南四湖地区流域水生态文明评价体系,洙赵新河水资源体系评价内容包括水源情况和用水效率两个方面,其中水源情况包括水源保障程度、非常规水源利用情况、水源地保护情况等方面。

4.2.2.1　水源情况评价

调查分析洙赵新河流域的水源保障程度是否具有水资源中长期供求计划和配置方案,制订年度取水计划,对区域地表水、地下水和客水进行统一调配,有备用水源地等;非常规水源的利用程度,即对雨洪水、海水(折合淡水)、再生水等非常规水源的利用程度;水源地保护情况,即水源地分布及基本情况是否按照国家规定的范围和水质标准进行保护,并采取相应的措施。

对上述内容按照南四湖地区流域水生态文明建设评价体系进行评分与评价。

1. 水源保障程度

洙赵新河流域各县区水源以地表水和地下水为主,非常规水源利用率低,地表水供水量共 137 634.9 万、地下水供水量共 137 598.5 m³,二者基本持平。地表水水源以提水和调水为主,地下水水源以浅层地下水为主同时也开采深层承压水。流域内地表水、地下水和客水统一调配。

以 2018 年为基准年,根据 2030 年流域水资源供需平衡分析预测,在 75%保证率下,洙赵新河流域缺水率为 17.26%。根据南四湖地区流域水生态文明建设指标评价体系打分原则,75%保证率下缺水率 10%~20%范围内指标得分为 40~60 分,采用内插法计算,洙赵新河流域水源供水情况(C11 水源供水保证率)得分为 45.48 分。

2. 非常规水源利用情况

根据流域内各县区的供水结构分析,洙赵新河流域非常规水源利用率为 1.96%,再生水及雨水利用情况较差,根据南四湖地区流域水生态文明建设指标评价体系打分原则,非常规水源利用率低于 5%指标得分为 0~40 分,采用内插法计算,洙赵新河流域非常规水源利用情况(C12 非常规水源利用率)得分为 15.60 分。

表 4-1　洙赵新河流域供水结构及非常规水源利用情况

县(市、区)	地表水供水量 (万 m³)	地下水供水量 (万 m³)	污水处理回用 (万 m³)	非常规水源利用率
嘉祥县	9 063.1	8 402	962	5.22%
任城区	19 599.8	9 543.5	2 793	8.75%
牡丹区	19 277	16 288	485	1.35%
成武县	6 493	12 558	—	0
定陶县	7 905	9 395	—	0
郓城县	17 313	13 147	—	0
鄄城县	12 066	7 003	—	0
巨野县	11 081	13 391	—	0
东明县	10 852	8 605	—	0
合计	113 649.9	98 332.5	4 240	1.96%

3.水源地保护情况

洙赵新河流域内,现状共有11处集中式地表水饮用水水源地,其中8处为平原水库型饮用水水源地、3处为引黄口水源保护区。根据表4-2,11处集中式饮用水水源地中有南湖水库、箕山水库及洪源水库3处水源地未划定保护区,刘楼水库、城南水库及彭楼水库3处水源地存在隔离防护措施建设不到位或道路穿越防护措施不到位的问题。所有已划定保护区的集中式地表水饮用水源地均已设置界标及标志牌等实施,保护区范围内无必须搬迁的居民、企业,无点源污染。

洙赵新河流域内,现状共有22处集中式地下水饮用水水源地,均已划定水源保护区,均已设置规范化保护区界标、标志牌等设施。另外,洙赵新河流域内各县区已完成农村饮用水水源地保护竣工验收工作,流域内农村分散式饮用水水源井得到有效保护。

洙赵新河流域90%以上水源地划定保护区,且80%以上的水源保护区已采取相应的规范化保护措施,根据南四湖地区流域水生态文明建设指标评价体系打分原则,洙赵新河流域水源地保护情况(C13水源地保护)得分以80分计。

表4-2 洙赵新河流域集中式地表水饮用水水源保护区建设情况

县(市、区)	水源地名称	保护区划定情况	保护区内污染源情况	界标、标志牌等设置情况	隔离、道路穿越防护等措施情况
任城区	—	—	—	—	—
嘉祥县	—	—	—	—	—
牡丹区	雷泽湖水库(西城水库)	已划定一级、二级保护区	一级保护区内无污染源,二级保护区内农林用地及农村居民活动,主要为面源污染物	已设置	已设置
牡丹区	南湖水库	未划定保护区	—	—	—
定陶区	刘楼水库	已划定一级、二级保护区	一级保护区内无点源污染源,二级保护区内农林用地及农村居民活动,主要为面源污染物	已设置	引水渠未建设农田退水防护设施
郓城县	城南水库	已划定一级、二级保护区	一级保护区内无污染源,二级保护区内农林用地及农村居民活动,主要为面源污染物	已设置	一级保护区内铁路穿越防护工程未完成,二级保护区内铁路公路穿越防护工程未完成;引水渠两侧未修建标准坝肩,有多处雨水、生活污水排入现象

续表 4-2

县(市、区)	水源地名称	保护区划定情况	保护区内污染源情况	界标、标志牌等设置情况	隔离、道路穿越防护等措施情况
鄄城县	箕山水库	未划定保护区	—	—	—
鄄城县	彭楼水库	已划定一级、二级保护区	一级保护区内无污染源,二级保护区内农林用地及农村居民活动,主要为面源污染物	已设置	一级保护区内有交通道路穿越
鄄城县	苏泗庄引黄口	已划定一级保护区	无点源污染	已设置	已设置
巨野县	宝源湖水库	已划定一级、二级保护区	一级保护区内无污染源,二级保护区内农林用地及农村居民活动,主要为面源污染物	已设置	已设置
东明县	菜园集水库	已划定一级保护区	无点源污染	已设置	已设置
东明县	刘庄引黄口	已划定一级保护区	无点源污染	已设置	已设置
东明县	洪源水库	未划定保护区	—	—	—

表 4-3　洙赵新河流域集中式地下水饮用水水源保护区建设情况

县(市、区)	水源井数量	保护区划定情况	保护区内污染源情况	保护区界标、标志牌等设置情况
任城区	4(村级)	已划定一级保护区	无污染源	已设置
嘉祥县	—	—	—	—
牡丹区	—	—	—	—
定陶区	8	已划定一级保护区	无污染源	已设置
郓城县	8	已划定一级保护区	无污染源	已设置
鄄城县	8	已划定一级保护区	无污染源	已设置
巨野县	2	已划定一级级保护区	无污染源	已设置
东明县	—	—	—	—

4. 水源水质达标情况

根据各县区政府网站公开的 2018 年度饮用水水源水质信息,以《地表水环境质量标准》(GB 3838—2002)Ⅱ类水标准及《生活饮用水水源水质标准》(CJ 3020—93)中二级标准限值作为评价标准,洙赵新河流域 2018 年度集中式饮用水水源水质达标情况见表 4-4。在 10 个饮用水水源水质监测结果中,有 4 项达标,水质达标率为 40%,根据南四湖地区流域水生态文明建设指标评价体系打分原则,采用内插法计算,洙赵新河流域水源地水质达标情况(水源水质达标率)得分为 26.67 分。

表 4-4　洙赵新河流域集中式地表水饮用水水源保护区达标情况

县(市、区)	水源地名称	水源类型	达标情况	超标指标	超标倍数
任城区	—	—	—	—	—
嘉祥县	—	—	—	—	—
牡丹区	雷泽湖水库(西城水库)	地表水	超标	总氮	0.92
	南湖水库	地表水	—	—	—
定陶区	刘楼水库	地表水	超标	总氮	0.59
郓城县	城南水库	地表水	超标	总氮	0.94
	郓城新一中门岗	地下水	超标	总硬度、溶解性总固体、	1.85/0.56
鄄城县	彭楼水库	地表水	超标	氨氮、总氮	1.00、1.70
	苏泗庄引黄口	—	—	—	—
	人民公园井点	地下水	达标	—	—
巨野县	宝源湖水库	地表水	达标	—	—
	尚村水源地	地下水	达标	—	—
东明县	菜园集水库	地表水	达标	—	—
	刘庄引黄口	地表水	超标	总氮	0.94

4.2.2.2　节水评价

1. 工业节水评价

万元工业增加值用水量体现了水作为生产要素在生产中的经济价值产出,是衡量某一区域生产用水水平的关键指标,其数值越小表明工业用水效率越高。2018 年洙赵新河流域的万元工业增加值用水量为 16.15 m³,根据南四湖地区流域水生态文明建设指标评价体系打分原则,万元工业增加值用水量 16~25 m³/万元范围内指标得分为 40~60 分,采用内插法计算,洙赵新河流域万元工业增加值用水量(C15)得分为 59.67 分。2018 年洙赵新河流域工业生产用水水平指标统计见表 4-5。

表 4-5 2018 年洙赵新河流域工业生产用水水平指标统计

市	县(市、区)	工业用水量(万 m³)	工业增加值(亿元)	万元工业增加值用水量(m³)
济宁市	嘉祥县	983.9	113.09	8.7
	任城区	5 112.46	162.82	31.4
菏泽市	牡丹区	5 259	222.84	23.6
	定陶区	802.6	148.63	5.4
	郓城县	2 054	165.65	12.4
	鄄城县	735.4	84.53	8.7
	巨野县	1 247	67.77	18.4
	东明县	2 015	162.50	12.4
洙赵新河流域		18 209.36	1 127.823	16.15

2. 农业节水评价

万元农业增加值用水量对于准确评价生产用水水平具有重要作用,是衡量某一区域生产用水水平的重要指标,其数值越小表明农业用水效率越高。2018 年洙赵新河流域的万元农业增加值用水量为 643.80 m³(见表 4-6),根据南四湖地区流域水生态文明建设指标评价体系打分原则,万元农业增加值用水量 500~800 m³/万元范围内指标得分为 40~60 分,采用内插法计算,洙赵新河流域万元农业增加值用水量(C16)得分为 50.41 分。

表 4-6 2018 年洙赵新河流域农业生产用水水平指标统计

市	县(市、区)	农业用水量(万 m³)	农业增加值(亿元)	万元农业增加值用水量(m³)
济宁市	嘉祥县	15 236.2	36.33	419.4
	任城区	23 259.84	26.90	864.7
菏泽市	牡丹区	25 481	32.91	774.3
	定陶区	14 890	24.82	599.9
	郓城县	25 258	38.04	664
	鄄城县	16 094	26.48	607.8
	巨野县	19 550	29.40	665
	东明县	15 005	25.53	587.7
洙赵新河流域		154 774.04	240.41	643.80

3. 供水管网漏损情况

根据调查与资料查阅,洙赵新河流域内各县区供水管网漏损率控制在12%以内,根据南四湖地区流域水生态文明建设指标评价体系打分原则,供水管网漏损率在10%~15%,指标得分区间为60~80分,采用内插法计算,洙赵新河流域供水管网漏损情况(C17供水管网漏损率)得分为72分。

4. 地下水超采情况

洙赵新河流域主要位于湖西黄泛平原区,客水资源较为丰富,引黄外调水分担了一部分地下水供水的压力,但是受气候影响,近年来黄河多次发生断流现象,地下水水资源开采量也随之增加,地下水资源严重紧缺。根据调查,洙赵新河流域基本不涉及浅层地下水超采区,流域内地下水利用主要为深层承压水,根据《国务院关于实行最严格水资源管理制度的意见》(国发〔2012〕3号)和《山东省人民政府关于贯彻落实国发〔2012〕3号文件实行最严格水资源管理制度的实施意见》(鲁政发〔2012〕25号)关于"深层承压地下水原则上只能作为应急和战略储备水源"要求,深层承压水的开采即为超采,开采量即为超采量,开采区的范围即为超采区的范围。根据2018年洙赵新河流域供水结构分析,洙赵新河流域地下水供水比例为49%,高于南四湖流域地下水供水平均比例39.95%。根据《山东省地下水超采区评价报告》,洙赵新河流域范围内,除巨野县嘉祥县、任城区的部分乡镇外,其余区域均处于深层承压水超采区范围内(见图4-4),流域超采区面积约3 502 km²,超采区面积占流域总面积的比例约83%,根据南四湖地区流域水生态文明建设指标评价体系打分原则,超采区面积占比超过50%的,指标得分区间为0~40分,采用内插法计算,洙赵新河流域地下水超采情况(C18地下水超采面积比例)得分为21.6分。

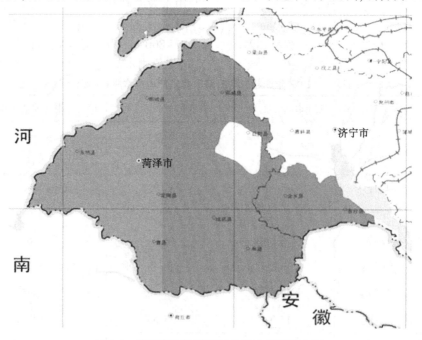

图4-4　洙赵新河流域深层地下水超采区分布

5. 节水宣传情况

由于近年来水资源短缺的严峻形势,水资源保护和节约用水宣传教育工作逐步受到洙赵新河流域各县区重视。中小学开设节水宣传活动,培养孩子的节水意识,并进一步带动家庭的节水意识;举办节水宣传周活动,在社会上发起节水公益活动;设立节水型单位评选,鼓励企事业单位广泛使用节水设施,加大节水宣传教育力度,全面养成节水习惯;城镇及乡村均设有节水宣传栏目和宣传标语;开展节约用水志愿者服务队活动,推动全市节约用水事业发展,加快推动省级和国家级节水型城市创建(见图4-5)。综上,洙赵新河流域各县区的各类节水宣传活动基本都设置,但从节水课程、节水宣传活动的频率以及节水宣传栏的设置上来看仍然有待提高,根据南四湖地区流域水生态文明建设指标评价体系打分原则,洙赵新河流域的节水宣传情况(C19)以80分计。

图 4-5　洙赵新河流域节水宣传教育情况

4.2.2.3　水资源体系综合评价

综合以上评价结果,得出洙赵新河流域水资源评价体系中水源情况(B1-1)及节水情况(B1-2)两个中间层的各指标层的得分,根据表3-5确定的各指标同级权重及中间层同级权重,计算得到洙赵新河流域水资源体系综合评价得分情况(见表4-7)。由评价结果可知,洙赵新河流域的水源情况同级综合得分为41.32分,节水情况得分为58.31分,根据南四湖流域水生态文明评价等级分类,二者评价等级均为中(Ⅲ级);水资源体系评价综合得分为44.15分,评价等级为中(Ⅲ级)。

表 4-7　洙赵新河流域水资源体系综合评价成果

指标层	同级评分值(分)	同级加权评分值	中间层	中间层评分值(分)	中间层同级权重	准则层	准则层评分值(分)
C11	45.48	0.390 8	B1-1 水源情况	41.32	0.833 3	B1 水资源体系	44.15
C12	15.6	0.067 5					
C13	80	0.150 9					
C14	26.67	0.390 8					
C15	59.67	0.347	B1-2 节水情况	58.31	0.166 67		
C16	50.41	0.134 7					
C17	72	0.347					
C18	21.6	0.134 7					
C19	80	0.036 5					

根据各指标层的评价分析结果(见图 4-6)可知,洙赵新河流域水生态文明评价体系水资源体系中评价等级为差的指标有 3 项,包括 C12 非常规水源利用情况、C14 水源水质情况、C18 地下水超采情况;评价等级为中的指标有 3 项,包括 C11 水源供水保障情况、C15 工业万元增加值取水情况、C16 农业万元增加值取水情况。

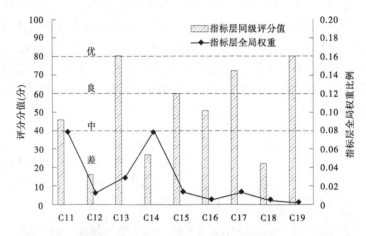

图 4-6 洙赵新河流域水资源体系指标层评价结果分析

4.2.3 水环境体系评价

4.2.3.1 洙赵新河流域水功能区水质评价

1.洙赵新河干流水功能区水质现状

洙赵新河各水功能区中,洙赵新河菏泽农业用水区和洙赵新河嘉祥农业用水区水质不达标。根据 2018 年洙赵新河干流 1～12 月的水质监测资料,采用单因子指数法按照 COD 和氨氮双指标进行评价,洙赵新河干流 3 个水功能二级区中,洙赵新河菏泽农业用水区和洙赵新河嘉祥农业用水区水质不达标。洙赵新河水功能区水质目标见表4-8。

表 4-8 洙赵新河水功能区水质现状清单

水功能一级区	水功能二级区	行政区	现状水质	达标情况	主要超标污染物
洙赵新河菏泽济宁开发利用区	洙赵新河东明排污控制区	菏泽市	IV	达标	
	洙赵新河菏泽农业用水区	菏泽市	IV～劣V	不达标	氨氮
	洙赵新河嘉祥农业用水区	济宁市	III～劣V	不达标	氨氮

2.流域内主要支流水质现状

根据 2018 年对洙赵新河 9 条主要支流与 23 条干沟水质进行的采样监测结果,采用单因子指数法对监测结果进行了全指标评价和双指标评价。

根据全指标评价结果,9 条主要支流中郓巨河、邱公岔、赵王河、鱼跃河 4 条水质较差,未达到水功能区水质要求,巨龙河、老洙水河、鄄郓河、太平溜、临濮沙河水质在 Ⅳ ~ Ⅴ类,能够达到水功能区水质要求;23 条支沟、排涝沟渠、小型河道中仅有 2 条水质达到目标水质要求,其余 22 条支沟水质为劣 Ⅴ 类。

根据双指标评价结果,9 条主要支流中邱公岔、赵王河 2 条河道未达到水功能区水质要求(见图 4-7);23 条支沟、排涝沟渠、小型河道中有 5 条河道水质为劣 Ⅴ 类,其余 18 条河道达到水功能区水质要求(见图 4-8)。

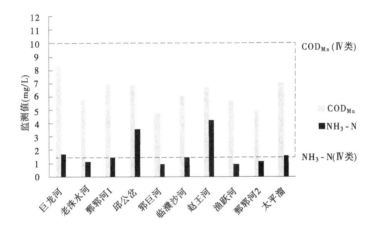

图 4-7 洙赵新河流域主要支流水质监测结果(双指标)

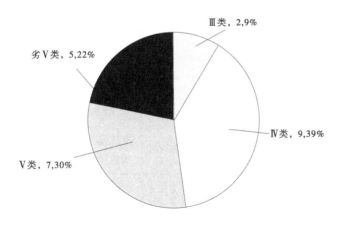

图 4-8 洙赵新河流域主要沟渠水质评价情况(双指标)

3.洙赵新河流域水功能区水质评分

根据洙赵新河干流、主要支流及流域内小型河道沟渠的水质监测及双指标评价结果,洙赵新河干流3个水功能区中2个不达标,达标率为33%;主要支流9个水功能区中2个不达标,达标率为78%;支沟、小型河道、排涝沟渠23条河道中,有5条不达标,达标率为78%。按照流域内干流占比权重50%,主要支流占比权重30%,沟渠占比权重20%的比例,对流域内水功能区总体水质达标率进行计算:

$$流域内水功能区总体达标率=干流水功能区达标率×0.5+$$
$$主要支流水功能区达标率×0.3+$$
$$沟渠水功能区达标率×0.2 \quad\quad (4\text{-}1)$$

根据式(4-1),得出洙赵新河流域水功能区水质达标率为55.6%,达标率≤60%,根据南四湖地区流域水生态文明评价体系,水质评价等级为差,分值在0~40分范围内,采用内插法计算评分值,则洙赵新河流域水功能区水质达标情况(C21水功能区水质双指标达标率)得分为37.09分。

4.2.3.2　洙赵新河流域污染源整治情况

1. 规模以上入河排污口

据调查,洙赵新河及其主要支流河道上共有规模以上入河排污口12处,2018年各规模以上工业企业、污水处理厂排污口排水水质均能达到《流域水污染物综合排放标准 第1部分:南四湖东平湖流域》(DB37/3416.1—2018)中重点保护区的水质要求(COD$_{Cr}$≤50 mg/L,NH$_3$-N≤5 mg/L),因此洙赵新河流域规模以上工业企业污废水达标率为100%,根据南四湖地区流域水生态文明评价体系,分值在80~100分范围内,采用内插法计算评分值,则洙赵新河流域规模以上工业企业入河排污情况(C22工业企业废污水达标处理率)得分为100分。

2. 城镇生活污水处理情况

洙赵新河流域内共建有5座集中污水处理厂,且各建制镇已实现"一镇一厂"(见表4-9)。

表4-9　洙赵新河流域污水处理厂情况

序号	污水处理厂名称	地址	处理能力	处理工艺	出水水质达标率
1	菏泽市污水处理厂	菏泽市长江东路	8万 t/d	改良强化脱氮除磷接触氧化工艺+深度处理	100%
2	东明县污水处理厂(首创水务)	东明县开发区开发大道	6万 t/d	改良强化脱氮除磷接触氧化+斜板滤池+滤布滤池	100%
3	巨野第二污水处理厂	巨野县董官屯镇	3万 t/d	氧化沟	100%
4	郓城县污水处理厂	郓城县北环路	4万 t/d	倒置 A2/O 工艺	100%
5	郓城县天源污水处理有限公司	郓城县经济开发区	2万 t/d		100%

3. 农村生活污水

洙赵新河流域内农村生活污水主要为洗澡洗涤污水、厨房污水及厕所污水。据调查，洙赵新河流域村庄基本未建设排水管道，厕所污水主要有两种排放方式：一种采用旱厕，定期清掏，该方式容易造成疾病传播，且卫生状况极差；另一种采用改良厕所，建设化粪池。洗澡洗涤污水、厨房污水等从房前屋后排出后沿道路边沟或自然低洼处排走，由于基本未做防渗处理，生活污水在排放过程中大部分渗入土壤，但污染物会随雨水冲刷排入附近河流、排涝沟、穿堤管涵或坑塘，进一步污染河流。截至 2018 年，流域内旱改厕比例达到 80%，部分县区实施了改厕与生活污水处理一体化模式改造，149 处行政村建设了农村污水处理站。

根据菏泽市政府工作报告及嘉祥县、任城区政府工作报告，确定洙赵新河流域 2018 年农村生活污水处理率为 35%，根据南四湖地区流域水生态文明评价体系，洙赵新河流域农村污水处理情况（C23 农村生活污水处理率）得分为 35 分。

4. 农业种植面源污染

洙赵新河流域东明县盛产西瓜、小麦、玉米、大豆等，是全国商品粮基地县、平原绿化先进县和唯一的县级"中国西瓜之乡"；郓城县、巨野县、嘉祥县均盛产小麦、玉米、棉花。洙赵新河流域农业种植以小规模家庭种植为主，集约化程度低，土地利用强度大，化肥、农药的使用量大。农业种植面源污染主要来源于农用化学物质污染与农业生产废弃物污染。农药、化肥、除草剂、生长激素等农用化学物中的大量有害物质残留在土壤中，盈余部分随地表径流和渗透进入水体，经雨淋、腐烂、变质、生物分解，有害物质随地表径流进入水体。农业种植面源主要污染因子为 COD、氮、磷，是引起水体富营养化的主要原因之一。入河污染物排放量与土地坡度、农田类型、土壤类型、化肥用量、轮作类型及年降水量等因素有关。洙赵新河流域农药利用率约 36%，化肥利用率约 37%。

根据表 4-10，经计算流域化肥入河量/流域面积为 24.02 t/km²；洙赵新河流域 2018 年度农药施用量为 1.15 万 t，农药入河量为 0.154 万 t，则流域农药入河量/流域面积为 0.335 t/km²，计算可得，洙赵新河流域农业种植面源污染物入河量/流域面积为 26.76 t/km²。根据南四湖地区流域水生态文明评价体系，洙赵新河流域农业种植面源污染物入河量/流域面积在 20~30 t/km²，分值在 40~60 分范围内，采用内插法计算评分值，则洙赵新河流域农业种植面源污染情况（C25 农业种植面源污染物入河量/耕地面积）得分为 51.28 分。

表 4-10　2018 年度洙赵新河流域化肥施用量及入河量分析　　　（单位：万 t）

化肥	施用量	流失量	入河量
氮肥	33.49	21.10	4.22
磷肥	21.75	13.70	2.74
钾肥	6.90	4.35	0.87
复合肥	17.91	11.28	2.26
合计	80.05	50.43	10.09

5. 污染源计算分析

1) 工业污染源污染物排放量核算

根据2018年规模以上入河排污口排污量调查结果,洙赵新河流域工业废水排放量为560.66万t,COD入河量为95.61 t,氨氮入河量为3.52 t,总氮入河量为107.22 t,总磷入河量为2.17 t。

2) 农村生活污水污染物排放量核算

参考中华人民共和国住房和城乡建设部于2010年9月发行的《华北地区农村生活污水处理技术指南(试行)》,可知户内有给水龙头,有卫生设备的用水量为80[L/(人·d)],农村生活污水排水系数为0.33,则农村生活污水产生量为26.4[L/(人·d)]。按照洙赵新河流域农村人口及排污水质(见表4-11)计算农村生活污水产生量(见表4-12)。洙赵新河流域2018年农村生活污水集中处理率为30%,则产生的生活污水有70%进入环境,按村庄及乡镇驻地距离河道远近,入河系数按平均0.1取值,流域内人口根据人口密度计算。

表4-11　洙赵新河流域农村居民生活污水水质　　　　　(单位:mg/L)

pH	SS	COD	NH$_3$-N	TN	TP
6.5	100	200	20	35	2.0

表4-12　洙赵新河流域农村污染物产生与排放量

项目	污水总量 (万t/年)	污染物产生量(t/年)			
		COD	NH$_3$-N	TN	TP
污染物产生量	2 215.86	4 432.00	443.14	775.43	44.43
污染物排放量	1 551.10	3 102.40	310.20	542.80	31.10
污染物入河量	155.11	310.24	31.02	54.28	3.11

3) 农业种植面源污染物入河量核算

根据《第一次全国污染源普查——农业污染源肥料流失系数手册》及洙赵新河流域范围内农田种植作物类型、种植面积、肥料流失系数,确定东鱼河流域农田径流污染源强为COD1.797 kg/(亩·年),氨氮0.104 kg/(亩·年),总氮0.787 kg/(亩·年),总磷0.024 kg/(亩·年),经核算洙赵新河流域农田种植业COD总排放量约453.49 t/年,氨氮排放量约26.25 t/年,总氮排放量约198.61t/年,总磷排放量约6.06 t/年(见表4-13)。入河量按10%计。

表4-13　农田种植业肥料流失量及流失系数

市	县(市、区)	农作物类型	COD(t/年)	氨氮(t/年)	总氮(t/年)	总磷(t/年)
菏泽市	东明县	玉米、大豆、小麦	57.05	3.30	24.98	0.76
	牡丹区	玉米、大豆、小麦	132.15	7.65	57.88	1.76
	郓城县	玉米、大豆、小麦	61.24	3.54	26.82	0.82
	巨野县	玉米、大豆、小麦	70.91	4.10	31.05	0.95

续表 4-13

市	县(市、区)	农作物类型	COD(t/年)	氨氮(t/年)	总氮(t/年)	总磷(t/年)
济宁市	嘉祥县	小麦、玉米、大豆	90.25	5.22	39.52	1.21
	任城区	小麦、玉米、大蒜	41.90	2.42	18.35	0.56
合计			453.49	26.25	198.61	6.06

4)畜禽养殖污染物核算

洙赵新河流域主要养殖种类为鸡、鸭、鹅、猪、羊。畜禽养殖的产污环节主要为畜禽的排泄物(粪、尿),冲洗圈舍废水等。流域内畜禽养殖场一般采用干法清粪方式,将粪及时、单独清出,清出的粪便外运堆肥或做其他用途。冲洗圈舍废水一般直接排放,下渗或者汇入河道。产污及排污系数采用《第一次全国污染源普查畜禽养殖业源产排污系数手册》中相关系数,本次调查范围属于华东区,采用华东区相关系数。洙赵新河流域规模化畜禽养殖产、排污量见表 4-14。

表 4-14　洙赵新河流域规模化畜禽养殖产、排污量

养殖种类	饲养量(万只/万头)	饲养期数(茬/年)	产污量					排污量		
			粪便量(t/年)	尿液量(m³/年)	化学需氧量(t/年)	氮(t/年)	磷(t/年)	化学需氧量(t/年)	氮(t/年)	磷(t/年)
鸡	24.55	4	216.04	—	41.57	1.00	0.49	23.62	0.69	0.29
鸭	6.875	4	60.50	—	11.64	0.28	0.14	6.61	0.19	0.08
鹅	18.95	2	83.38	—	16.04	0.39	0.19	9.11	0.27	0.11
猪	0.435	1	4.87	11.09	1.47	0.11	0.01	0.31	0.06	0.001
羊	0.125	1	1.40	3.19	0.42	0.03	0	0.09	0.02	0
牛	0.015 75	0.5	1.17	0.70	0.25	0.01	0.002	0.01	0.48	0.000 1
合计			367.36	14.98	71.39	1.82	0.84	39.75	1.70	0.48

5)渔业养殖污染物核算

洙赵新河流域内渔业养殖主要分布在巨野县、郓城县。按照养殖为鲤鱼,亩产 400 kg/年估算渔业产污量,根据《第一次全国污染源普查水产养殖业污染源产排污系数手册》北部区域淡水鲤鱼养殖业产排污系数进行计算。

经计算,洙赵新河流域内河道及滩地内养殖共计入河量:总氮 13 091.90 kg/年、总磷 3 101.04 kg/年、COD13 924.32 kg/年、铜 3.19 kg/年、锌 28.51 kg/年(见表 4-15)。主要排放量来自网箱,网箱养殖面积占总养殖面积的 97%。

表 4-15　　洙赵新河流域渔业养殖年排放量

养殖方式	养殖规模（亩）	TN（kg）	TP（kg）	COD（kg）	Cu（kg）	Zn（kg）
网箱	602.98	12 939.89	3 014.79	13 689.49	3.19	28.51
鱼塘	22.81	152.01	86.25	234.83		
合计	625.79	13 091.90	3 101.04	13 924.32	3.19	28.51

根据各污染源排污量计算，入洙赵新河流域河道各污染源中 COD 总排放量约为 912.82 t/年，氨氮总排放量为 60.77 t/年，总氮排放量 374.88 t/年，总磷排放量 14.93 t/年。污染因子中各污染源排放构成见图 4-9。

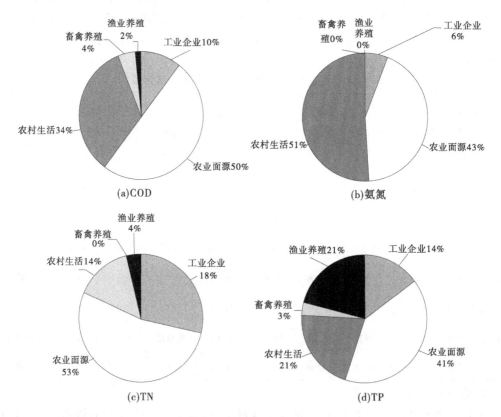

图 4-9　污染物排放量构成

由图 4-9 可知，洙赵新河流域主要污染因子的排放量构成中，农业面源污染占比最大，其次为农村生活。各类污染物排放量构成中，农业面源占比均大于 40%；其次为农村生活污染，各类污染因子占比均为 20%。以上分析结果说明洙赵新河干流中污染物的主要来源为农业面源污水的排入，控制农业面源排污为洙赵新河流域控源截污的首要任务。

6）洙赵新河流域污染整治情况评价

根据各类污染源的治理率、污染物入河总量核算等指标对洙赵新河流域污染源整治情况进行评价并根据南四湖地区流域水生态文明建设评价体系对其进行赋分(见图 4-10)。

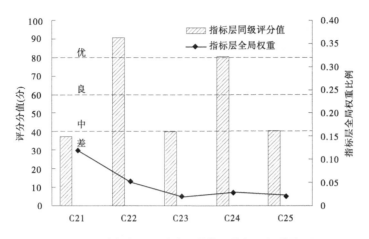

图 4-10　洙赵新河流域水环境体系指标层评价结果

4.2.4　水生态体系评价

4.2.4.1　洙赵新河流域水生态系统组成

1. 水生生态系统调查内容

本次洙赵新河一级流域生态调查范围主要为洙赵干流,调查的主要内容包括为浮游生物、底栖动物和水生植物的组成和分布等:

(1)浮游生物:主要为浮游动植物物种数、群落组成(门类组成情况:浮游植物各门类、原生动物、轮虫、浮游甲壳动物等)、密度、生物量、时空分布等。

(2)底栖动物:主要为大型底栖动物(甲壳动物、水生昆虫、软体动物、寡毛类、其他类群等)物种数、群落组成(门类组成情况)、密度、生物量、时空分布等。

(3)水生植物:主要为水中或入湖口河岸两侧的水生植物的种类。

2. 洙赵新河水生态系统组成

1)藻类与浮游生物组成

洙赵新河生态调查中,春季共检出浮游植物 5 门 36 属 49 种。秋季共检出浮游植物 5 门 35 属 35 种。春季洙赵新河水体中的浮游植物中种类和生物量(密度)最大的是蓝藻(占 46.9%),其次是绿藻(占 28.6%)和硅藻(占 18.4%)。此外,水体也出现了黄藻门和隐藻门的浮游植物,但是生物量较小。整体水中检测到的生物样本相对较少。秋季洙赵新河水体中的浮游植物中种类和生物量(密度)最大的是蓝藻(占 34.3%),其次是硅藻(占 28.6%)和绿藻(占 28.6%)。此外,水体也出现了黄藻门和隐藻门的浮游植物,但是生物量较小。整体水中检测到的生物样本相对较少。

2)水生植物组成

根据本次调查结果,水生植物从岸边浅水区到中央深水区湿生植物带和挺水植物带呈带状分布。浮水植物和沉水植物相嵌,呈片状分布。由此次调查可见,洙赵新河入湖口水生植物的优势种有芦苇、菰、荇菜、菱、马来眼子菜、菹草、苦草、水鳖及金鱼藻等。

按优势种群组成和结构,南四湖入湖口水生植物群丛类型共计10个。各群丛中分布面最大的是菹草群丛,其次是马来眼子菜群丛。挺水植物群丛主要为芦苇群丛、菰群丛。其次是水烛。浮水植物群丛主要是荇菜群丛、野菱群丛,此外还有浮萍、水鳖群丛。沉水植物带主要类型有菹草群丛、篦齿眼子菜群丛、马来眼子菜群丛等。

3)浮游动物及底栖动物组成

洙赵新河取样断面的浮游动物以甲壳动物为主,有少量的原生动物和后生动物。底栖类生物种类较为单一,本次取样中获得的种类不丰富,主要是在取样时,各河流断面的设定断面取样点河流水深太大,没能取到泥样,从而无法得出更多的数据。

3. 生物多样性评价

利用生物完整性指数对洙赵新河流域水生态系统多样性进行评价,并按照南四湖地区流域水生态文明建设评价体系对其进行赋分。洙赵新河流域生物完整性指数计算以南四湖湖区2015年水生生物种数作为基准种数,以调查获取的2018年洙赵新河干流及主要支流水生生物种数作为评价对象。

$$I_{生物完整性} = \frac{TY_{浮游植物}}{JTY_{浮游植物}} + \frac{TY_{浮游动物}}{JTY_{浮游动物}} + \frac{TY_{底栖}}{JTY_{底栖}} + \frac{TY_{维管束植物}}{JTY_{维管束植物}} + \frac{TY_{鱼类}}{JTY_{鱼类}} \tag{4-2}$$

其中:$TY_{浮游植物} = 42$,$JTY_{浮游植物} = 47$;$TY_{浮游动物} = 8$,$JTY_{浮游动物} = 7$;$TY_{底栖动物} = 2$,$JTY_{底栖动物} = 8$;$TY_{水生维管束植物} = 10$,$JTY_{水生维管束植物} = 13$;$TY_{鱼类} = 24$,$JTY_{鱼类} = 31$。

经计算,洙赵新河流域水生生物完整性指数为0.765 9,根据南四湖地区流域水生态文明评价体系,洙赵新河流域水生生物多样性情况分值在40~60分范围内,采用内插法计算评分值,则洙赵新河流域水生生物多样性情况(C37水生生物完整性指数)得分为56.59分。

4.2.4.2　采煤塌陷区评价

洙赵新河流域采煤塌陷区中轻度塌陷面积3 696 hm²,中度塌陷面积983 hm²,重度塌陷面积529 hm²。洙赵新河流域主要采煤塌陷区包括郓城煤矿、彭庄煤矿、郭屯煤矿、赵楼煤矿、龙固煤矿等。主要采用生态农业、渔业和人工湿地等模式,通过挖深垫浅、划方平整法治理,利用丰富的水资源发展高效水培植物种植、养殖产业和湖产加工等特色农副产业,并依托南四湖旅游的辐射作用,发展观光旅游、生态旅游等,提高湖区的经济水平。菏泽市采煤塌陷区分布零散,开采模式和塌陷情况复杂,因此轻度采煤塌陷区则以工业治理为主,适度发展渔业养殖,按要求发展农业种植业;中度采煤塌陷区以渔业养殖为主;重度采煤塌陷区以渔业养殖为基础,大力发展休闲旅游业在此基础上通过建设具有不同特色的有机种养产业基地、优质水产品生产基地和休闲农业基地,将菏泽市采煤塌陷区打造成为集农业、生态、观光与储水为一体的生态经济带。

根据调查,洙赵新河流域的塌陷区治理基本为生态治理方式,生态治理率为41.48%,根据南四湖地区流域水生态文明评价体系,洙赵新河流域采煤塌陷区生态治理面积恢复情况分值在60~80分范围内,采用内插法计算评分值,则洙赵新河流域采煤塌陷区生态治理情况(C31生态治理面积恢复率)得分为62.96分。

4.2.4.3　生态流量评价

根据调查,2018 年全年生态流量满足天数所占比例为 59%,根据南四湖地区流域水生态文明评价体系,洙赵新河流域生态流量满足程度分值在 40~60 分,采用内插法计算评分值,则洙赵新河流域生态流量满足程度 C33 得分为 58 分。

4.2.4.4　区域宜水面积评价

根据洙赵新河流域 2018 年卫星解译成果,洙赵新河流域水域面积占比为 2.50%(见表 4-16、表 4-17)。根据南四湖地区流域水生态文明评价体系,洙赵新河流域宜水面积率分值在 0~40 分,采用内插法计算评分值,则洙赵新河流域宜水面积率 C32 得分为 32.49分。

表 4-16　洙赵新河流域土地利用类型统计

类型	2018 年	
	面积(km²)	面积占比(%)
耕地	3 132.03	67.66
林地	70.73	1.53
园地	15.85	0.34
草地	187.79	4.06
水域	115.64	2.50
建设用地	1 106.65	23.91
合计	4 628.69	

4.2.4.5　河流连通性评价

河流纵向连通性,洙赵新河干流共有拦河水闸 10 座,河上无橡胶坝、砌石坝等拦河建筑物,洙赵新河全长 143 km,则洙赵新河的纵向连通性指数为 6.99。根据南四湖地区流域水生态文明评价体系,洙赵新河流域河流连通性分值在 60~80 分,采用内插法计算评分值,则洙赵新河流域水域连通性 C34 得分为 73.29 分。

4.2.4.6　生态岸坡评价

据调查,洙赵新河全段沿河岸植被主要是杨树或经济林木,间或有部分灌木杂,护坡形式主要为草皮护坡,间或乔草相结合的护坡,岸坡植被覆盖率为 80%左右(见图 4-12)。根据南四湖地区流域水生态文明评价体系,洙赵新河流域生态岸坡情况分值为 80 分。

4.2.4.7　水土流失评价

据统计,洙赵新河流域涉及嘉祥县、任城区、牡丹区、定陶区、郓城县、鄄城县、巨野县及东明县总水土保持措施保存面积约 285 km²,水土保持措施保存面积占比 6.79%,根据南四湖地区流域水生态文明评价体系,洙赵新河流域水土流失治理率得分在 60~80 分,采用内插法计算评分值,则洙赵新河流域水土流失整治率 C36 得分为 67.14 分。

4.2.4.8　防洪安全评价

根据调查,洙赵新河干流堤防长度 276.61 km,按照 50 年一遇防洪、5 年一遇除涝的

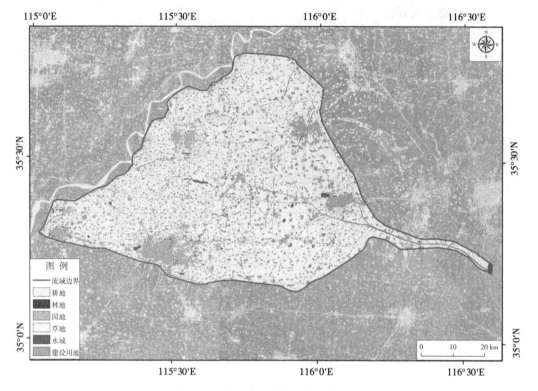

图 4-11　洙赵新河流域土地利用类型

图 4-12　洙赵新河入湖口河岸带情况

规划标准,现状堤防达标段长度为 158.76 km,流域防洪堤达标率为 57.39%,根据南四湖地区流域水生态文明评价体系,洙赵新河流域防洪堤达标情况 C38 得分为 47.39。

洙赵新河干流约 96 km 存在淤积现象,不利于防洪除涝,另有部分排水泵站、涵闸未达到防洪标准,干流的防洪除涝体系达标率为 33.79%,根据南四湖地区流域水生态文明评价体系,洙赵新河流域防洪除涝达标情况 C39 得分为 33.79 分。

4.2.4.9　水生态体系综合评价

综合以上评价结果,得出洙赵新河流域水生态评价体系中塌陷区治理情况(B3-1)、水域生态情况(B3-2)、岸坡情况(B3-3)、生物多样性情况(B3-4)及防洪安全情况(B3-5)5 个中间层的各指标层的得分,根据确定的各指标同级权重及中间层同级权重,计算得到洙赵新河流域水生态体系综合评价得分情况(见表 4-17)。洙赵新河流域水生态体系综合评价得分为 54.88 分,评价等级为中。中间层中,B3-2 水域生态情况、水生生物多样性情况及防洪安全情况评价等级均为中(见图 4-13)。

表 4-17 洙赵新河流域水生态体系综合评价统计

指标层	同级评分值(分)	同级加权评分值(分)	中间层	同级评分值(分)	同级加权评分值(分)	准则层	同级评分值(分)
C31	62.96	62.96	B3-1 采煤塌陷区治理	62.96	15.827 813 18		
C32	36.24	15.53	B3-2 水域生态	50.86	8.931 825 434		
C33	58	24.86					
C34	73.29	10.47					
C35	75	25.00	B3-3 岸坡	69.76	9.285 274 664	B3 水生态体系	54.88
C36	67.14	44.76					
C37	56.59	56.59	B3-4 水生生物	56.59	8.165 937		
C38	47.39	11.82	B3-5 防洪安全	42.87	12.672 457 61		
C39	33.79	20.06					
C310	70	11.00					

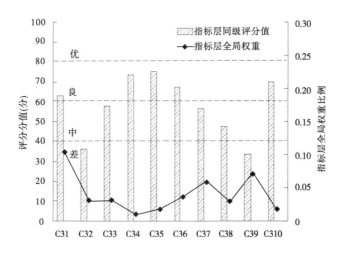

图 4-13 洙赵新河流域水生态体系综合评价

4.2.5 水景观体系评价

4.2.5.1 湿地建设情况

组织开展省级湿地公园的规划申报工作,定陶区完成了菏曹运河省级湿地公园、巨野县完成了洙水河省级湿地公园的总体规划设计;国家湿地公园建设进展顺利,东明黄河国家湿地公园通过了国家林业局考察组验收,"单县黄河故道浮龙湖湿地恢复与综合治理工程"项目通过了国家林业局西北林业调查规划设计院和省林业厅湿地处组成的专家组的监测评估。

经统计,洙赵新河流域现有湿地面积约 85.24 hm², 湿地面积率为 6.14%, 根据南四湖地区流域水生态文明评价体系,洙赵新河流域湿地建设情况 C41 得分为 60.71 分。

4.2.5.2 水文化建设情况

洙赵新河流域的水利工程建设、水景观设计注重运用水文化元素,把文化建设融入水利风景区的建设中,赵王河、洙水河、黄河水利风景区等的建设均体现了菏泽水邑文化和黄河文化,塌陷区的生态治理、城区河道的治理中均融入了当地特色的文化元素,但水文化建设情况仍有待进一步提高,经计算,洙赵新河流域水文化承载体面积比例为 12.96 个/万 km², 评价分值为 45.93 分,评价等级为中。

4.2.5.3 水利风景区建设情况

按照南四湖地区流域水生态文明建设评价体系对区域内水景观体系进行现状调查、分析主要问题,并对其进行评价和赋分。主要考察区域水域周边的风景、风貌和特色,从生态水系治理、亲水景观建设、水利风景区建设和观赏性四个方面进行分析。

洙赵新河流域现有水利风景区共 3 处,均为国家级水利风景区(见表 4-18)。

表 4-18　洙赵新流域利风景区一览表

序号	所在县区	水利风景区名称	级别	类型
1	巨野县	洙水河水利风景区	国家级	城市河湖型
2	菏泽市	赵王河水利风景区	国家级	城市河湖型
3	菏泽市	山东菏泽黄河水利风景区	国家级	自然河湖型

洙赵新河流域国家级水利风景区面积比例为 7.13 个/万 km², 国家级水利风景区面积比例在 5~8 个/万 km² 范围内,评价等级为良,分值为 60~80 分,采用内插法计算评分值,洙赵新河流域国家级水利风景区建设情况(C44 国家级水利风景区数量)得分为74.20 分。省级水利风景区面积比例为 0, 则洙赵新河流域省级水利风景区建设情况(C45 省级水利风景区数量)评分值为 0 分。

4.2.5.4 水景观体系综合评价

综合以上评价结果,得出洙赵新河流域水景观体系综合评价得分为 59.63 分,评价等级为中(见表 4-19、图 4-14)。其中,水文化承载体建设、省级水利风景区建设情况评价等级为中。

表 4-19　洙赵新河流域水景观体系综合评分

指标层	同级评分值（分）	同级加权评分值（分）	中间层	同级评分值（分）	同级加权评分值（分）	准则层	评分值（分）
C41 湿地面积率	60.71	15.18	B4-1 湿地	60.18	27.35	B4 水景观体系	59.63
C42 湿地有效保护率	60	45					
C43 水文化承载体数量（个/万 km²）	45.93	45.93	B4-2 水文化	45.93	4.18		
C44 国家级水利风景区（个/万 km²）	74.2	61.83	B4-3 水利风景区	61.83	28.10		
C45 省级水利风景区（个/万 km²）	0	0					

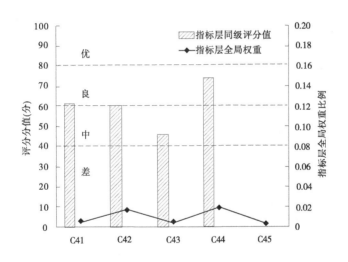

图 4-14　洙赵新河流域水景观体系综合评价

4.2.6　水管理体系评价

按照南四湖地区流域水生态文明建设评价体系对水管理体系方面进行现状调查、问题分析及评价与赋分,主要包括从规划编制情况、管理体制机制情况、信息化管理情况和公众满意度等几个方面内容(见图 4-15、表 4-20)。

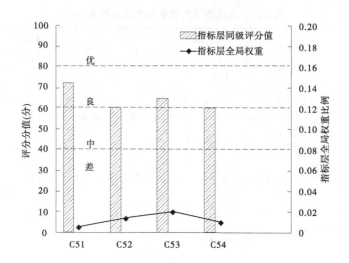

图 4-15　洙赵新河流域水管理体系综合评价

表 4-20　洙赵新河流域水管理体系综合评价

指标层	现状情况	同级评分值(分)	同级加权评分值	准则层	综合得分(分)
规划编制	各类规划和应急预案基本完备,但实施和实践有欠缺	72	8.870 4		
管理体制	水管单位机构设置基本完善,制度基本齐全,经费基本落实,但管理模式存在弊端	60	16.356		
信息化管理	水质、水文监测联网监控,重点水域实现预警监控;生态建设、水资源管理方面信息化建设较欠缺	65	25.811 5	B5 水管理体系	63.463 9
公众意识	多数公众对水生态文明的概念及建设任务有模糊认识,多数认为区域内有进行水生态文明建设的必要性	60	12.426		

4.2.7　洙赵新河流域水生态文明综合评价

综合水环境体系评价、水资源体系评价、水生态体系评价、水景观体系评价及水管理体系评价的内容与分值情况,汇总洙赵新河流域的水生态文明建设评价及分值,各中间层与准则层评价结果见图 4-16、图 4-17。

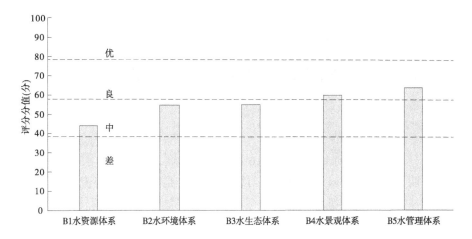

图 4-16　洙赵新河流域水生态文明建设准则层评价结果

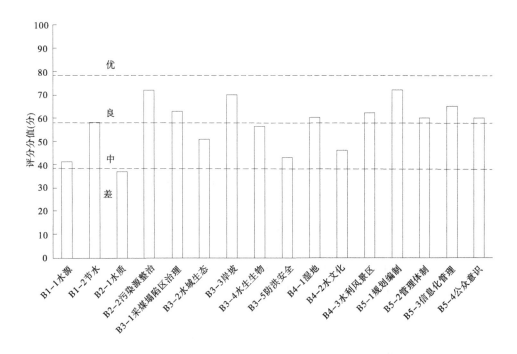

图 4-17　洙赵新河流域水生态文明建设中间层评价结果

洙赵新河流域水生态文明建设综合评分为 52.92 分,评价等级为中,其中水资源体系、水环境体系、水生态体系评价等级均为中。存在的主要问题如下:

(1)非常规水源利用率低,雨水资源、再生水资源无法有效利用。

(2)饮用水水源水质不能稳定达标。

（3）河流水质不能稳定达标,小型河道沟渠水质较差。

（4）农村生活污水集中处理率低,农业面源污染严重。

（5）宜水面积率低。

（6）防洪除涝系统有待进一步提升。

4.3　梁济运河流域水生态文明评价

4.3.1　流域概况

梁济运河位于山东省西南部,东经116°02′~116°34′,北纬35°57′~36°19′,北靠黄河,南邻南阳湖,西与洙赵新河流域接壤,东以洸府河为界,是山东省淮河流域湖西济(宁)北地区的一条以防洪排涝、相机承泄黄河超标准洪水东平湖滞洪底水的任务、引黄补湖、灌溉航运及南水北调输水等大型综合功能利用河道。

梁济运河流域范围见图4-18。梁济运河干流起源于宋金河入口,流经济宁市梁山县、汶上县、嘉祥县、经开区、任城区、太白湖区,于李集村西南入南阳湖,全长91 km,流域面积3 201.3 km²,流域内人口300.7万。梁济运河干流处于西部黄泛区和东部山麓冲积平原的交汇处的低洼地带,干流东侧东高西低,地面坡度约1/8 000,西侧西高东低,地面坡度约1/5 000。

梁济运河流域面积在300 km²以上的支流有郓城新河、湖东排水河、泉河、赵王河。

4.3.2　水资源体系评价

4.3.2.1　水源情况评价

1.水源供水情况

梁济运河流域各县区水源以地表水和地下水为主,非常规水源利用率低。地表水供水量共55 471.7万 m³,地下水供水量共37 188.4 m³,地表水水源以提水和调水为主,地下水水源以浅层地下水为主,同时开采深层承压水。流域内地表水、地下水和客水统一调配。

以2018年为基准年,根据2030年流域水资源供需平衡分析预测,在75%保证率下,梁济运河流域缺水率为11.12%。根据南四湖地区流域水生态文明建设指标评价体系打分原则,75%保证率下缺水率10%~20%范围内指标得分为40~60分,采用内插法计算,梁济运河流域水源供水情况(C11水源供水保证率)得分为57.76分。

2.非常规水源利用情况

根据流域内各县区的供水结构分析,梁济运河流域非常规水源利用率为5.88%,再生水及雨水利用情况一般,根据南四湖地区流域水生态文明建设指标评价体系打分原则,非常规水源利用率低于5%指标得分为0~40分,采用内插法计算,梁济运河流域非常规水源利用情况(C12非常规水源利用率)得分为43.51分。

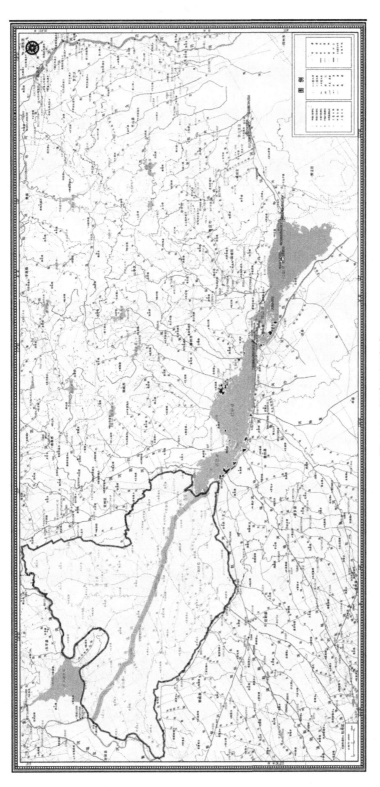

图 4-18　梁济运河流域

表 4-21　梁济运河流域供水结构及非常规水源利用情况

县(市、区)	地表水供水量 (万 m³)	地下水供水量 (万 m³)	污水处理回用 (万 m³)	非常规水源 利用率
嘉祥县	9 063.1	8 402	1 180	6.76%
梁山县	19 661	8 560.9	50	0.18%
任城区	19 599.8	9 543.5	3 735	12.82%
汶上县	7 147.8	10 682	480.4	2.69%
合计	55 471.7	37 188.4	5 445.4	5.88%

3. 水源地保护情况

据调查,梁济运河流域 90% 以上水源地划定保护区,且 85% 以上的水源保护区已采取相应的规范化保护措施,根据南四湖地区流域水生态文明建设指标评价体系打分原则,梁济运河流域水源地保护情况(C13 水源地保护)得分以 85 分计。

4. 水源水质达标情况

根据各县区政府网站公开的 2018 年度饮用水水源水质信息,以《地表水环境质量标准》(GB 3838—2002)Ⅱ类水标准及《生活饮用水水源水质标准》(CJ 3020—93)中二级标准限值作为评价标准,梁济运河流域 2018 年度集中式饮用水水源水质达标率为 85%,根据南四湖地区流域水生态文明建设指标评价体系打分原则,采用内插法计算,梁济运河流域水源地水质达标情况(C14 水源水质达标率)得分为 70 分。

4.3.2.2　节水情况

1. 工业节水评价

2018 年梁济运河流域的万元工业增加值用水量为 12.775 m³,根据南四湖地区流域水生态文明建设指标评价体系打分原则,采用内插法计算,梁济运河流域万元工业增加值用水量(C15)得分为 70.75 分。

2. 农业节水评价

2018 年梁济运河流域的万元农业增加值用水量为 538.775 m³,根据南四湖地区流域水生态文明建设指标评价体系打分原则,万元农业增加值取水量 500~800 m³/万元范围内指标得分为 40~60 分,采用内插法计算,梁济运河流域万元农业增加值用水量(C16)得分为 57.42 分。

3. 供水管网漏损情况

根据调查与资料查阅,梁济运河流域内各县区供水管网漏损率按照 11% 计,根据南四湖地区流域水生态文明建设指标评价体系打分原则,供水管网漏损率在 10%~15%,指标得分区间为 60~80 分,采用内插法计算,梁济运河流域供水管网漏损情况(C17 供水管网漏损率)得分为 76 分。

4. 地下水超采情况

根据调查,梁济运河流域部分县区涉及浅层地下水超采区,根据 2018 年梁济运河流域供水结构分析,流域地下水供水比例为 40.13%,高于南四湖流域地下水供水平均比例

39.95%。根据《山东省地下水超采区评价报告》，梁济运河流域范围内，超采区面积约
378.5 km²，超采区面积占流域总面积的比例约11.83%，根据南四湖地区流域水生态文明
建设指标评价体系打分原则，采用内插法计算，梁济运河流域地下水超采情况(C18 地下
水超采面积比例)得分为76.35 分。

　5. 节水宣传情况

　由于近年水资源短缺的严峻形势，水资源保护和节约用水宣传教育工作逐步受到梁
济运河流域各县区重视。中小学开设节水宣传活动，培养孩子的节水意识，并进一步带动
家庭的节水意识；举办节水宣传周活动，在社会上发起节水公益活动；设立节水型单位评
选，鼓励企事业单位广泛使用节水设施，加大节水宣传教育力度，全面养成节水习惯；城镇
及乡村均设有节水宣传栏目和宣传标语；开展节约用水志愿者服务队活动，推动全市节约
用水事业发展，加快推动省级和国家级节水型城市创建。综上，梁济运河流域各县区的各
类节水宣传活动基本都设置，但从节水课程、节水宣传活动的频率以及节水宣传栏的设置
上来看仍然有待提高，根据南四湖地区流域水生态文明建设指标评价体系打分原则，梁济
运河流域的节水宣传情况(C19)以80 分计。

4.3.2.3　水资源体系综合评价

　综合以上评价结果，得出梁济运河流域水资源评价体系中水源情况(B1-1)及节水情
况(B1-2)两个中间层的各指标层的得分，根据评价体系确定的各指标同级权重及中间层
同级权重，计算得到梁济运河流域水资源体系综合评价得分。由评价结果可知，梁济运河
流域的水源情况同级综合得分为66.14 分，节水情况得分为71.86 分，根据南四湖流域水
生态文明评价等级分类，二者评价等级均为良(Ⅱ级)；水资源体系评价综合得分为67.10
分，评价等级为良(Ⅱ级)(见表4-22、图4-19)。

　根据各指标层的评价分析结果可知，梁济运河流域水生态文明评价体系水资源体系
中无等级为差的指标，等级为中的指标有3 项，包括C12 非常规水源利用情况、C11 水源
供水保障情况和C16 农业万元增加值取水情况。

表 4-22　梁济运河流域水资源体系综合评价成果

指标层	同级评分值(分)	同级加权评分值(分)	中间层	中间层评分值(分)	中间层同级加权评分值(分)	准则层	准则层评分值(分)
C11	57.76	22.57	B1-1 水源情况	66.14	55.12	B1 水资源体系	67.10
C12	43.51	2.94					
C13	88	13.2792					
C14	70	27.356					
C15	70.75	24.55	B1-2 节水情况	71.86	11.98		
C16	57.415	7.73					
C17	76	26.372					
C18	76.35	10.28					
C19	80	2.92					

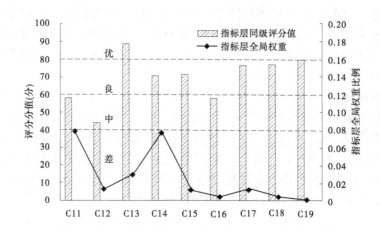

图4-19　梁济运河流域水资源体系指标层评价结果分析

4.3.3　水环境体系评价

4.3.3.1　梁济运河流域水功能区水质评价

1. 梁济运河干流水功能区水质现状

梁济运河是南水北调东线工程两湖段输水干线,其水质直接关系着黄淮海平原东部、胶东地区和京津冀地区居民饮水安全,全线属于梁济运河济宁调水水源保护区。

根据山东省水文局提供的2018年全年水质监测数据,采用单因子指数法对COD和NH_3-N进行双指标评价,全年水质达标情况采用频次统计分析方法,结果表明梁济运河干流2018年各水功能区现状水质均为Ⅲ类。根据《山东省水功能区划》(鲁政字〔2006〕22号)中梁济运河济宁调水水源保护区的水质目标为Ⅲ类的要求,梁济运河干流全线达标。

2. 流域内主要支流水质现状

根据2018年对梁济运河20条支流进行的采样监测结果,采用单因子指数法对监测结果进行了全指标评价和双指标评价。

根据全指标评价结果,在20条支流中共计16条支流属于劣Ⅴ类水质,而剩余4条支流均为Ⅴ类水体。泉河一级支流水质较差,存在断流死水,沿线排污,山洪河道,淤积严重等问题。其中,南水北调东线一级支流水质较好。

根据双指标评价结果,龟山河及250省道东沟2条河道水质为劣Ⅴ类,赵王河、柳长河2条河道水质为Ⅴ类,其余14条河道为Ⅲ~Ⅳ类水质,达到水功能区水质要求。

3. 梁济运河流域水功能区水质评分

根据梁济运河干流、支流及流域内小型河道沟渠的水质监测及双指标评价结果,梁济运河干流水功能区水质达标,达标率为100%;主要支流20个水功能区中4个不达标,达标率为80%。按照流域内干流占比权重50%,主要支流占比权重30%,沟渠占比权重20%的比例,对流域内水功能区总体水质达标率进行计算。

流域内水功能区总体达标率=干流水功能区达标率×0.5+主要支流水功能区达标率×

0.3+沟渠水工能区达标率×0.2。

根据流域内水功能区总体达标率公式,得出梁济运河流域水功能区水质达标率为90%。根据南四湖地区流域水生态文明评价体系,水质评价等级为优,评分值为80分。

4.3.3.2　梁济运河流域污染源整治情况

1.入河排污口情况

据调查,梁济运河及其主要支流河道上共有规模以上入河排污口13处,规模以上入河排污口污水处理率为100%。

2.农业种植面源污染

梁济运河流域村庄种植业发达,耕地面积大,种植农作物或果树。主要农作物为小麦、玉米、大豆、棉花等,林果业主要为梨、苹果等。所属分区为黄淮海半湿润平原区,地形为平地,土地利用方式包括旱地和水田。梁济运河流域农田种植污染主要为肥料污染和农药污染。

经核算,梁济运河农田种植业 COD 总排放量约 356.45 万 t/年,氨氮排放量约 20.63万 t/年,总氮排放量约 156.11 万 t/年,总磷排放量约 4.77 t/年(见表 4-23)。入河量按10%计,流域耕地面积约 2 821 km²,经计算,梁济运河流域污染物入河量/耕地面积为15.81 t/km²,依据南四湖流域水生态文明评价体系,评分值为 68.38 分。

表 4-23　农田种植业肥料流失量及流失系数

市	县(市、区)	水功能区	农作物类型	COD (t/年)	氨氮 (t/年)	总氮 (t/年)	总磷 (t/年)
济宁市	任城区	梁济运河济宁调水水源保护区	玉米、大豆、小麦	97.21	5.63	42.58	1.30
	汶上县		玉米、大豆、小麦	55.90	3.24	24.48	0.75
	嘉祥县		玉米、大豆、小麦	25.11	1.45	11.00	0.34
	梁山县		玉米、大豆、小麦	178.23	10.31	78.05	2.38
合计				356.45	20.63	156.11	4.77

3.畜禽养殖污染情况

畜禽养殖的产污环节主要为畜禽的排泄物(粪、尿),冲洗圈舍废水等。经计算,鸭禽类的养殖本次调查范围内畜禽养殖的产排污量具体见表 4-24。

表 4-24　梁济运河流域畜禽养殖(鸭禽类)产排污量

种类	饲养量(万只/头)	饲养期数	产污量(t/年)				排污量(t/年)		
			粪便量	尿液量	COD	氮	磷	COD	氮	磷
鸭	1.66	4	14.7	—	2.83	0.07	0.03	1.61	0.05	0.02
合计			14.7	—	2.83	0.07	0.03	1.61	0.05	0.02

4. 生活污水

1）城市生活污水

梁济运河流域穿越城区段生活污水基本都纳入市政管网经污水处理厂处理后排放,管网覆盖率超过 90%。根据 2008 年《第一次全国污染源普查城镇生活源产排污系数手册》,山东省在地域分区上属于一区,城市类别上,济宁任城区、太白湖新区、梁山县按 5 类城市计算。污水集中处理率按 90% 计算,入河系数按 0.5 计算。梁济运河流域城区段生活污水散排入河排污量计算结果如表 4-25 所示。

表 4-25　梁济运河未集中处理城市生活污水排污量

市	县(市、区)	未集中处理城市生活污水排污量				
		入河排污量(万 t/年)	COD(t/年)	氨氮(t/年)	总氮(t/年)	总磷(t/年)
济宁市	任城区	1.330	2.658	0.266	0.466	0.026
	太白湖新区	0.332	0.665	0.066	0.116	0.007
	梁山县	3.046	6.093	0.609	1.066	0.061
	合计	4.708	9.416	0.941	1.648	0.094

由表 4-25 可知,梁济运河流域城区段未集中处理生活污水排污量,COD 约为 9.416 t/年,氨氮约为 0.941 t/年,总氮约为 1.648 t/年,总磷约为 0.094 t/年。

2）农村生活污水

梁济运河流域农村生活污水主要为洗澡洗涤污水、厨房污水及厕所污水。根据现场调查,沿线村庄基本未建设排水管道,厕所污水主要有旱厕和带化粪池的改良厕所两种排放方式。洗澡洗涤污水、厨房污水等从房前屋后排出后沿道路边沟或自然低洼处排走,由于基本未做防渗处理,生活污水在排放过程中大部分渗入土壤,但污染物会随雨水冲刷排入附近河流、排涝沟、穿堤管涵或坑塘,进一步污染河流。

农村生活污水排水系数按 0.33,则农村生活污水排放量为 16.5 L/（人·d）,入河系数按平均 0.1 取值,流域内人口根据人口密度计算。排污核算结果如表 4-26 所示。

表 4-26　农村生活污水入河排污量核算

生活污水排放量(t/年)				
入河排放量(万 t/年)	COD	氨氮	总氮	总磷
1.385	2.769	0.277	0.485	0.028

由表 4-26 可知,梁济运河流域农村生活污水入河排污量,COD 约为 2.769 t/年,氨氮约为 0.277 t/年,总磷约为 0.277 t/年。

5. 入河污染物汇总分析

根据各污染源排污量计算,入梁济运河流域各污染源中 COD 总排放量约为 1 032.67 t/年,氨氮总排放量为 46.78 t/年,总氮排放量 391.56 t/年,总磷排放量 39.31 t/年。污染因子中各污染源排放构成见图 4-20。

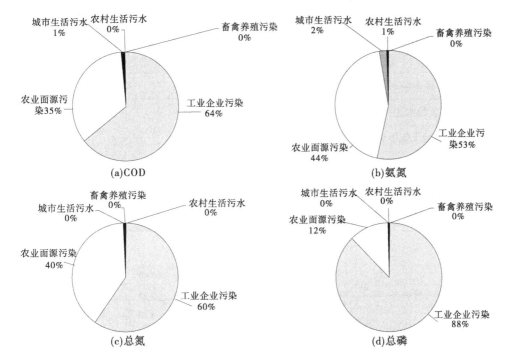

图 4-20　梁济运河流域污染物排放量构成

6. 梁济运河流域污染整治情况评价

根据各类污染源的治理率、污染物入河总量核算等指标对梁济运河流域污染源整治情况进行评价,并根据南四湖地区流域水生态文明建设评价体系对其进行赋分。

由图 4-20 可知,梁济运河流域主要污染因子的排放量构成中,工业企业污染占比最大,其次为农业面源污染。各类污染物排放量构成中,工业污染占比均大于 80%;其次为农业面源污染,各类污染因子占比均为 10%。以上分析结果说明,梁济运河流域中污染物的主要来源为工业企业污水的排入,控制工业企业排污为梁济运河流域控源截污的首要任务。

4.3.3.3　水环境体系综合评价

综合以上评价结果,得出梁济运河流域水环境评价体系中水功能区水质达标情况(B2-1)及污染源整治情况(B2-2)两个中间层的各指标层的得分,根据评价体系确定的各指标同级权重及中间层同级权重,计算得到梁济运河流域水环境体系综合评价得分。由评价结果可知,梁济运河流域的水功能区水质达标情况同级综合得分为 80 分,污染源整治情况得分为 78.06 分,根据南四湖流域水生态文明评价等级分类,二者评价等级均为良(Ⅱ级);水环境体系评价综合得分为 79.03 分,评价等级为良(Ⅱ级)见表 4-27、图 4-24。

根据各指标层的评价分析结果可知,梁济运河流域水生态文明评价体系水环境体系中农村生活污水集中处理率评分值最低。

表 4-27　梁济运河流域水环境体系综合评价成果

指标层	同级评分值(分)	同级加权评分值(分)	中间层	同级评分值(分)	同级加权评分值(分)	准则层	评分值(分)
C21 水功能区达标率(双指标评价)	80	80	B2-1 水质	80	40	B2 水环境体系	79.03
C22 工业企业废污水达标处理率	88	37.73	B2-2 污染源整治	78.06	39.03		
C23 农村生活污水集中处理率	40	5.89					
C24 城镇生活污水达标处理率	92	21.9					
C25 农业种植面源污染物入河量/耕地面积	68.38	13.24					

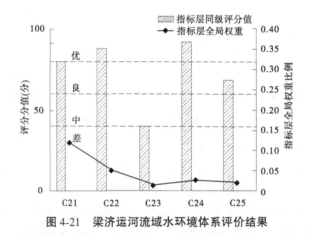

图 4-21　梁济运河流域水环境体系评价结果

4.3.4　水生态体系评价

4.3.4.1　水生态系统组成

梁济运河水生态调查方法、调查内容及分析方法与洙赵新河一致,调查分析处梁济运河水生态系统组成如下。

1.浮游植物组成

梁济运河生态调查中,春季共检出浮游植物 6 门 39 属 50 种,秋季共检出浮游植物 6 门 41 属 42 种。

春季梁济运河水体中的浮游植物中种类和生物量(密度)最大是硅藻(占 36.0%),其次是蓝藻(占 32.0%)和绿藻(占 26.0%)。此外,水体也出现了黄藻门、甲藻门和裸藻门的浮游植物,但是生物量较小。

秋季梁济运河水体中的浮游植物中种类和生物量(密度)最大是硅藻(占 38.1%),其次是蓝藻(占 33.3%)和绿藻(占 21.4%)。此外,水体也出现了黄藻门、甲藻门和裸藻门的浮游植物,但是生物量较小。

梁济运河中的浮游植物在春季和秋季变化较小,无论是春季(枯水期)还是秋季(丰水期),河口浮游植物均以硅藻为主,蓝藻和绿藻所占比例也较大,种群密度变化也不大。硅藻的大量出现,从侧面说明了水体受污染程度较低、水质较好。

2. 浮游动物及底栖动物组成

梁济运河取样断面的浮游动物以甲壳动物为主,有少量的原生动物和后生动物。底栖类生物种类较为单一,本次取样中获得的种类不丰富,主要是在取样时,各河流断面的设定断面取样点河流水深太大,没能取到泥样,从而无法得出更多的数据。

表 4-28　梁济运河浮游动物及底栖生物名录

序号	种	拉丁名	目	科	属
1	四角平甲轮虫	*Platyas*	单巢目	臂尾轮科	平甲轮虫
2	方形臂尾轮虫	*Brachionus quadridentatus*	单巢目	臂尾轮科	臂尾轮虫
3	红斑飘体虫	*Aeolosoma hemprichii*	寡毛目	寡毛科	飘体虫
4	蹄形腔轮虫	*Lecane ungulata*	单巢目	臂尾轮科	腔轮虫
5	汤匙华哲水蚤	*Sinocalanus dorrii*	哲水蚤	哲水蚤	哲水蚤
6	隆脊异足猛水蚤	*Canthocamptus carinetus*	猛水蚤	猛水蚤	猛水蚤
7	镰形顶冠溞	*Acroperus harpae*	双甲目	盘肠溞科	顶冠溞
8	颈沟基合溞	*Bosminopsis deitersiRichard*	双甲目	象鼻溞科	基合溞
9	尖吻低额溞	*Simocephalus acutirostratus*	双甲目	双甲目	溞科
10	宽角粗毛溞	*Macrothrix laticornis*	双甲目	溞科	粗毛溞
11	棘体网纹溞	*Ceriodaphnia setosa*	双甲目	溞科	网纹溞
12	长肢秀体溞	*Diaphanosoma leuchtenbergianum*	双甲目	溞科	秀体溞
13	中华圆田螺	*Cipangopaludina cahayensis*	中腹足	田螺	圆田螺
14	蚶形无齿蚌	*Unionodae*	真瓣鳃目	蚌	无齿蚌
15	水蛭	*Hirudo*	蛭纲颚蛭	水蛭	水蛭

3. 生物多样性评价

利用生物完整性指数对梁济运河流域水生态系统多样性进行评价,并按照南四湖地区流域水生态文明建设评价体系对其进行赋分。梁济运河流域生物完整性指数计算以南四湖湖区 2015 年水生生物种数作为基准种数,以调查获取的 2018 年梁济运河干流及主要支流水生生物种数为评价对象。

$$I_{生物完整性} = \frac{TY_{浮游植物}}{JTY_{浮游植物}} + \frac{TY_{浮游动物}}{JTY_{浮游动物}} + \frac{TY_{底栖}}{JTY_{底栖}} + \frac{TY_{维管束植物}}{JTY_{维管束植物}} + \frac{TY_{鱼类}}{JTY_{鱼类}}$$

其中:$TY_{浮游植物}=46,JTY_{浮游植物}=47;TY_{浮游动物}=13,JTY_{浮游动物}=7;TY_{底栖动物}=2,JTY_{底栖动物}=8;$ $TY_{水生维管束植物}=10,JTY_{水生维管束植物}=13;TY_{鱼类}=26,JTY_{鱼类}=31。$

经计算,梁济运河流域水生生物完整性指数为 0.938 8,根据南四湖地区流域水生态文明评价体系,采用内插法计算评分值,则梁济运河流域水生生物多样性情况(C37 水生生物完整性指数)得分为 95.16 分。

4.3.4.2　生态岸坡评价

梁济运河入湖口部分,河面开阔,两岸植被丰富,以杨树为主,辅以少量低矮的灌木(见图 4-22)。护坡形式主要为草皮护坡,间或乔草相结合的护坡,岸坡植被覆盖率为 80% 左右。根据南四湖地区流域水生态文明评价体系,梁济运河流域生态岸坡情况分值为 80 分。

图 4-22　梁济运河入湖口河岸带情况

4.3.4.3　区域宜水面积评价

根据梁济运河流域 2018 年卫星解译成果(见图 4-23),流域水域面积占比为 3.23%(见表 4-29),根据南四湖地区流域水生态文明评价体系,流域宜水面积率分值在 40~60分,采用内插法计算评分值,则梁济运河流域宜水面积率 C32 得分为 36.17 分。

表 4-29　梁济运河流域地类统计

地类	面积(km²)	面积占比(%)
耕地	2 821.49	69.30
林地	25.94	0.64
园地	10.87	0.27
草地	136.81	3.36
水域	131.62	3.23
建设用地	944.7	23.20
合计	4 071.43	

4.3.4.4　生态流量评价

根据调查,2018 年全年生态流量满足天数所占比例为 68%,根据南四湖地区流域水生态文明评价体系,梁济运河流域生态流量满足程度分值在 60~80 分,采用内插法计算评分值,则梁济运河流域生态流量满足程度 C33 得分为 76 分。

4.3.4.5　河流连通性评价

河流纵向连通性,梁济运河干流共有节制闸 2 座,泄洪闸 1 座,船闸 2 座,河上无橡胶坝、砌石坝等拦河建筑物,梁济运河全长 91 km,则梁济运河的纵向连通性指数为 6.59,根据南四湖地区流域水生态文明评价体系,采用内插法计算,则梁济运河流域河流连通情况分值为 70.62 分。

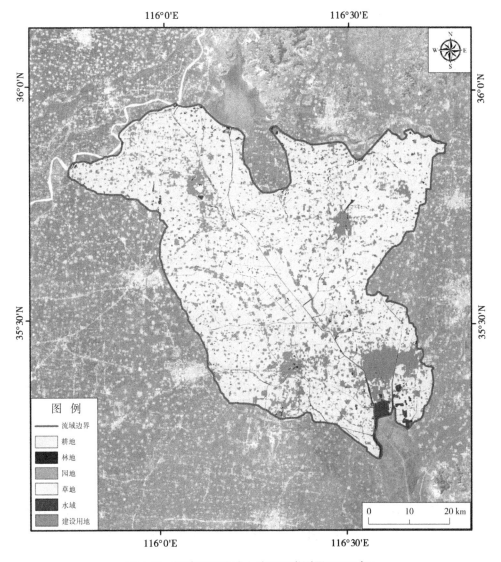

图 4-23　梁济运河流域土地利用类型图(2018 年)

4.3.4.6 水土流失评价

根据统计,梁济运河流域涉及嘉祥县、任城区、梁山县、汶上县、经开区、太白湖区总水土保持措施保存面积约 170 km²,水土保持措施保存面积占比 4.17%,根据南四湖地区流域水生态文明评价体系,梁济运河流域水土流失治理率得分在 40~60 分范围内,采用内插法计算评分值,则梁济运河流域水土流失整治率 C36 得分为 56.70 分。

4.3.4.7 采煤塌陷区评价

梁济运河采煤塌陷区占地为 20 072.5 hm²,其中,积水面积为 1 720.6 hm²。截至 2015 年底,共治理采煤塌陷地 7 692.8 hm²。该流域主要分为济宁市主城区和传统农业区两部分。主城区煤矿四周分布,矿山规模、开采方式和潜水位等情况复杂,北部片区以条带状开采为主,大部出现季节性积水;西部片区煤矿规模小而分散,地表影响周期长,部分区域常年积水;南部片区煤矿开采规模大、强度大,沉陷区大面积严重积水。主城区轻度采煤塌陷区主要营造城市建设用地,同时,利用现有水系和积水沉陷区开发建设湿地、环城水系和生态绿带;中度采煤塌陷区主要采用城市湿地、城市绿地和生态公园等治理模式;重度采煤塌陷区重点营造城市湿地和平原水库,扩展湿地的雨洪调蓄、水体净化和城市生态补水等功能。

传统农业区煤矿数量多、分布零散,且规模小、产能低,北部片区多为季节性积水,南部沉陷区多为常年积水。塌陷积水区域,主要采用生态、观光农业和渔业养殖等治理模式,发展生态农业经济;大规模积水区,则开展人工湿地和平原水库建设,发挥雨洪调节、水质净化作用。

根据调查,梁济运河流域的塌陷区治理基本为生态治理方式,生态治理率为 38.33%,根据南四湖地区流域水生态文明评价体系,采用内插法计算评分值,则梁济运河流域采煤塌陷区生态治理情况(C31 生态治理面积恢复率)得分为 56.65 分。

4.3.4.8 防洪安全评价

根据调查,梁济运河流域防洪堤达标率为 88.5%,根据南四湖地区流域水生态文明评价体系,采用内插法计算,梁济运河流域防洪堤达标情况分值为 78.5 分。

梁济运河流域内部分中小型河道存在淤积现象,部分县区处于低洼地带,排涝不畅。另外,涵闸泵站等防洪除涝基础设施存在不达标现象,流域内,防洪除涝体系达标率为 75.82%,根据南四湖地区流域水生态文明评价体系,采用内插法计算,梁济运河流域防洪除涝达标情况分值为 75.82 分。

4.3.4.9 水生态体系综合评价

综合以上评价结果,得出梁济运河流域水生态评价体系中塌陷区治理情况(B3-1)、水域生态情况(B3-2)、岸坡情况(B3-3)、生物多样性情况(B3-4)及防洪安全情况(B3-5)5 个中间层的各指标层的得分,根据确定的各指标同级权重及中间层同级权重,计算得到梁济运河流域水生态体系综合评价得分情况见表 4-30。梁济运河流域水生态体系综合评价得分为 69.57 分,评价等级为良。中间层中,B3-1 采煤塌陷区的生态治理评价等级均为中(见表 4-30、图 4-24)。

表 4-30 梁济运河流域水生态体系综合评价

指标层	同级评分值(分)	同级加权评分值(分)	中间层	同级评分值(分)	同级加权评分值(分)	准则层	同级评分值(分)
C31 采煤塌陷区生态治理面积恢复率	56.65	56.65	B3-1 采煤塌陷区治理	56.65	14.24	B3 水生态体系	69.57
C32 区域适宜水面率(河流、湖泊、湿地等)	47.32	20.28	B3-2 水域生态	58.17	10.21		
C33 生态流量满足程度	76	32.57					
C34 河流纵向连通性(拦河闸坝等建筑物数量/100 km)	70.62	10.09					
C35 生态岸坡比例	80	26.664	B3-3 岸坡	64.47	8.58		
C36 水土流失整治率	56.70	37.80					
C37 水生生物完整性指数	95.16	95.16	B3-4 水生生物	95.16	13.73		
C38 防洪堤达标率	78.5	19.57	B3-5 防洪安全	77.15	22.80		
C39	75.82	45.01					
C310 洪涝灾害预警防治体系完备率	80	12.568					

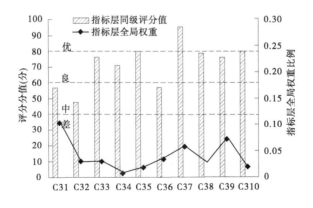

图 4-24 梁济运河流域水生态体系综合评价

4.3.5　水景观体系评价

4.3.5.1　湿地建设情况

经统计,梁济运河流域现有湿地面积约 398 km², 湿地面积率为 9.78%, 根据南四湖地区流域水生态文明评价体系, 梁济运河流域湿地建设情况 C41 得分为 60.71 分。

4.3.5.2　水利风景区建设情况

梁济运河流域现有国家级水利风景区 2 处(见表 4-31), 国家级水利风景区面积比例为 4.91 个/万 km², 国家级水利风景区面积比例在 2~5 个/万 km² 范围内, 评价等级为中, 采用内插法计算评分值, 梁济运河流域国家级水利风景区建设情况(C44 国家级水利风景区数量)得分为 59.42 分。省级水利风景区有 4 处(见表 4-32), 面积比例为 9.38 个/万 km², 在 2~5 个/万 km² 范围内, 评价等级为中, 采用内插法计算, 流域省级水利风景区建设情况(C45 省级水利风景区数量)评分值为 59 分。

表 4-31　梁济运河流域国家级水利风景区建设情况一览

序号	水利风景区名称	所在地市	级别	景区介绍
1	蓼河景区	济宁	国家级(2014年第十四批)	发源于泗水雷泽湖, 终入洸府河, 汇入京杭大运河。蓼河风景区总面积 120 万 m², 其中河道长 4.2 km, 宽 30~50 m, 水域面积 24.5 万 m², 占景区总面积的 20.4%。蓼河风景区内, 建成了集水利工程、园林景观、旅游休闲为一体的特色生态景观。蓼河水利风景区辐射产学研基地、科技中心、大学园区、人民医院等城市功能区, 已成为高科技、强产业、美景观、富人文的特色生态旅游区
2	济宁市南池景区	济宁	国家级(2015年第十五批)	南池景区是以历史文化为主题的古典园林公园, 突出"以绿为题、以水为魂、以文为胜、以人为本", 荟萃了运河文化、李杜文化、王母文化, 包含了王母阁、少陵祠、古南池牌坊、晚凉亭、南池荷净牌坊、碑廊、九龙叠水、乔羽艺术馆、古南池桥、爱情博物馆等景观。其中, 北部景区为历史文化景区, 主要景点有王母阁、晚凉亭、杜甫茶舍、诗碑、牌坊、少陵祠等, 通过建筑、小品、植物景观来追忆南池胜景。南部景区为生态旅游景区, 有树木园区、花卉园区等, 形成"群芳探幽"的迷人景色。

表 4-32　梁济运河流域山东省省级水利风景区建设情况一览

序号	县市	风景区名称	级别
1	汶上县	莲花湖湿地水利风景区	省级
2	梁山县	梁山泊水利风景区	省级
3	嘉祥县	麒麟湖公园水利风景区	省级
4	嘉祥县	老赵王河水利风景区	省级

4.3.5.3　水景观体系综合评价

综合以上评价结果,得出梁济运河流域水景观体系综合评价得分为 68.60 分,评价等级为良。其中,水文化承载体建设、国家级和省级水利风景区建设情况评价等级为中(见图 4-25、表 4-33)。

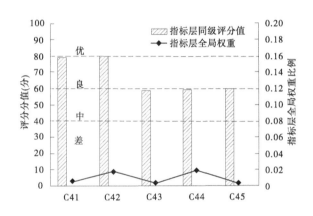

图 4-25　梁济运河流域水景观体系综合评价

表 4-33　梁济运河流域水景观体系综合评价

指标层	同级评分值(分)	同级加权评分值(分)	中间层	同级评分值(分)	同级加权评分值(分)	准则层	同级评分值(分)
C41 湿地面积率	78.9	19.73	B4-1 湿地	79.725	36.24	B4 水景观体系	68.60
C42 湿地有效保护率	80	60					
C43 水文化承载体数量(个/万 km^2)	58.95	58.95	B4-2 水文化	58.95	5.36		
C44 国家级水利风景区(个/万 km^2)	59.42	49.51	B4-3 水利风景区	59.40	26.97		
C45 省级水利风景区(个/万 km^2)	59.30	9.89					

4.3.6　水管理体系评价

梁济运河流域水管理体系综合评分值为 65.57 分,评价等级为良,各指标层现状情况见表 4-34 及图 4-26 所示。

表 4-34　梁济运河流域水管理体系综合评价

指标层	现状情况	同级评分值(分)	同级加权值(分)	准则层	综合得分(分)
规划编制	各类规划和应急预案基本完备,但实施和实践有欠缺	78	9.609 6		
管理体制	水管单位机构设置基本完善,制度基本齐全,经费基本落实,但管理模式存在弊端	65	17.719		
信息化管理	水质、水文监测联网监控,重点水域实现预警监控;生态建设、水资源管理方面信息化建设较欠缺	65	25.811 5	B5 水管理体系	65.566 1
公众意识	多数公众对水生态文明的概念及建设任务有模糊认识,多数认为区域内有进行水生态文明建设的必要性	60	12.426		

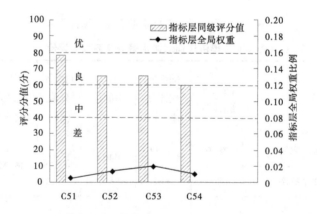

图 4-26　梁济运河流域水管理体系综合评价

4.3.7　梁济运河流域水生态文明综合评价

综合水环境体系评价、水资源体系评价、水生态体系评价、水景观体系评价及水管理体系评价的内容与分值情况,汇总梁济运河流域的水生态文明建设评价及分值,各中间层与准则层评价结果见图 4-27、图 4-28。

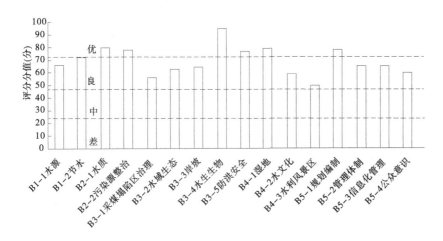

图 4-27　梁济运河流域水生态文明建设中间层评价结果

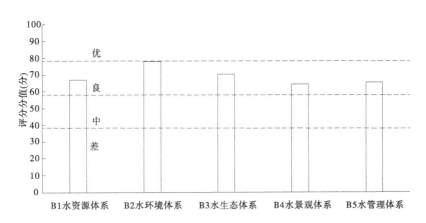

图 4-28　梁济运河流域水生态文明建设准则层评价结果

梁济运河流域水生态文明建设综合评分为 71.00 分,评价等级为良,其各准则层指标评价等级均为良,水生态文明建设情况良好。主要存在问题如下:

(1)非常规水源利用率较低,雨水资源、再生水资源利用潜力有待提升。

(2)采煤塌陷问题严重,虽经过较大力度整治,但塌陷带来的生态问题仍严峻。

(3)农村生活污水集中处理亟待推进。

4.4　白马河流域水生态文明评价

4.4.1　流域概况

白马河发源于邹城北部黄山白马泉,流经曲阜、兖州、邹城、微山 4 县市,于微山县鲁桥镇九孔桥村入独山湖,全长 60 km,流域面积 1 099 km²。白马河流域范围见图 4-29。

分别于 1952 年、1966 年、1975~1980 年按 3 年一遇除涝、20 年一遇防洪进行过开挖治理,并对水系进行了局部调整,设计防洪流量 1 479 m³/s。1991~2005 年期间,对因南屯、东滩、鲍店煤矿采煤造成堤防河床沉陷进行了修复、加固和绿化,2002 年,市航运局投资 1 600 万元,在白马河干流河槽内套挖航道,起于湖泊京杭运河,南阳村东南,沿南阳至白沙航道向东,折向北至九孔桥村入白马河至邹城市太平港,长 34.1 km,其中白马河内长度 28.2 km,航道 5 级,底宽 20 m,边坡 1∶3.0,底高程 29.5 m,2003 年 6 月竣工,开挖土方 169.6 万 m³。治理后的白马河下游现状:子河河底高程 29.2 m,内堤距 350 m,河底宽 130 m,堤顶高程 37.80 m,顶宽 5.0 m,马楼站处保证流量为 890 m³/s,防洪能力达不到原设计 20 年一遇的标准,除涝标准达到 3 年一遇。

4.4.2 水资源体系评价

4.4.2.1 水源情况评价

1. 水源供水情况

白马河流域各县区水源以地表水和地下水为主,非常规水源利用率低。地表水供水量共 32 662.5 万 m³、地下水供水量共 34 786.2 m³。地表水水源以提水和调水为主;地下水水源以浅层地下水为主,同时也开采深层承压水。

以 2018 年为基准年,根据 2030 年流域水资源供需平衡预测,在 75% 保证率下,白马河流域缺水率为 4.10%。根据南四湖地区流域水生态文明建设指标评价体系打分原则,采用内插法计算,白马河流域水源供水情况(C11 水源供水保证率)得分为 83.60 分。

2. 非常规水源利用情况

根据流域内各县区的供水结构分析,白马河流域非常规水源利用率为 14.62%,再生水及雨水利用情况尚可,根据南四湖地区流域水生态文明建设指标评价体系打分原则,非常规水源利用率 10%~15% 范围内指标得分为 60~80 分,采用内插法计算,梁济运河流域非常规水源利用情况(C12 非常规水源利用率)得分为 78.47 分。

表 4-35 白马河流域供水结构及非常规水源利用情况

县(市、区)	地表水供水量 (万 m³)	地下水供水量 (万 m³)	污水处理回用 (万 m³)	非常规水源 利用率
曲阜市	2 985.2	7 955	710	6.49%
兖州区	9 468.8	7 682.7	3 500	20.41%
邹城市	9 942.2	13 296.1	5 000	21.52%
微山	10 266.3	5 852.4	650	4.03%
合计	32 662.5	34 786.2	9 860	14.62%

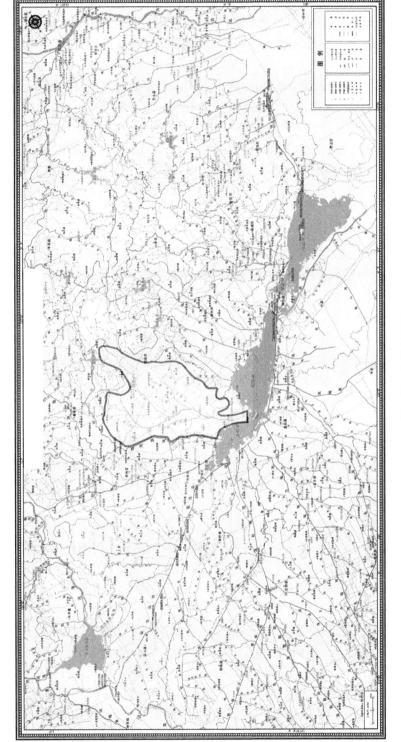

图 4-29 白马河流域

3. 水源地保护情况

据调查,白马河流域90%以上划定为集中式饮用水水源地保护区,且9%以上的水源保护区已采取相应的规范化保护措施,根据南四湖地区流域水生态文明建设指标评价体系打分原则,白马河流域水源地保护情况(C13 水源地保护)得分为86分。

4. 水源水质达标情况

根据各县区政府网站公开的2018年度饮用水水源水质信息,以《地表水环境质量标准》(GB 3838—2002)Ⅱ类水标准及《生活饮用水水源水质标准》(CJ 3020—93)中二级标准限值为评价标准,白马河流域2018年度13处集中式饮用水水源保护区中9处全部达标,水质达标率为69.24%,根据南四湖地区流域水生态文明建设指标评价体系打分原则,采用内插法计算,白马河流域水源地水质达标情况(C14 水源水质达标率)得分为49.23分。

4.4.2.2　节水情况

1. 工业节水评价

2018年白马河流域的万元工业增加值用水量为8.275 m³,根据南四湖地区流域水生态文明建设指标评价体系打分原则,采用内插法计算,白马河流域万元工业增加值用水量(C15)得分为83.45分。

2. 农业节水评价

2018年白马河流域的万元农业增加值用水量为351.35 m³,根据南四湖地区流域水生态文明建设指标评价体系打分原则,万元工业增加值取水量200~500 m³/万元范围内,指标得分为60~80分,采用内插法计算,白马河流域万元工业增加值用水量(C16)得分为69.91分。

3. 供水管网漏损情况

根据调查与资料查阅,白马河流域内各县区供水管网漏损率按照10.5%计,根据南四湖地区流域水生态文明建设指标评价体系打分原则,供水管网漏损率在10%~15%范围内,指标得分区间为60~80分,采用内插法计算,白马河流域供水管网漏损情况(C17 供水管网漏损率)得分为78分。

4. 地下水超采情况

根据调查,参照《山东省地下水超采区评价报告》,白马河流域范围内,不涉及浅层地下水深度超采区及深层承压水开采区,根据南四湖地区流域水生态文明建设指标评价体系打分原则,白马河流域地下水超采情况(C18 地下水超采面积比例)得分为100分。

5. 节水宣传情况

由于近年来水资源短缺的严峻形势,水资源保护和节约用水宣传教育工作逐步受到白马河流域各县区重视。中小学开设节水宣传活动,培养孩子的节水意识,并进一步带动家庭的节水意识;举办节水宣传周活动,在社会上发起节水公益活动;设立节水型单位评选,鼓励企事业单位广泛使用节水设施,全面养成节水习惯;城镇及乡村均设有节水宣传栏目和宣传标语;开展节约用水志愿者服务队活动,推动全市节约用水事业发展。综上,白马河流域各县区的各类节水宣传活动基本都设置,但从节水课程、节水宣传活动的频率以及节水宣传栏的设置上来看仍然有待提高,根据南四湖地区流域水生态文明建设指标评价体系打分原则,白马河流域的节水宣传情况(C19)以82分计。

4.4.2.3 水资源体系综合评价

综合以上评价结果,得出白马河流域水资源评价体系中水源情况(B1-1)及节水情况(B1-2)两个中间层的各指标层的得分,根据评价体系确定的各指标同级权重及中间层同级权重,计算得到白马河流域水资源体系综合评价得分。由评价结果可知,白马河流域的水源情况同级综合得分为70.18分,评价等级为良(Ⅱ级);节水情况得分为81.90分,评价等级为优(Ⅰ级)。根据南四湖流域水生态文明评价等级分类,二者评价等级均为良;水资源体系评价综合得分为72.14分,评价等级为良(Ⅱ级)。

根据各指标层的评价分析结果可知,白马河流域水生态文明评价体系水资源体系中无等级为差的指标,等级为中的指标有1项,为饮用水水源水质达标情况(见表4-36、图4-30)。

表4-36 白马河流域水资源体系综合评分

指标层	同级评分值(分)	同级加权评分值(分)	中间层	同级评分值(分)	同级加权评分值(分)	准则层	同级评分值(分)
C11 缺水率(75%供水保证率下)	83.6	32.67	B1-1 水源	70.18	58.49	B1 水资源体系	72.14
C12 非常规水源数量占区域总供水量比例	78.47	5.30					
C13 水源地保护	86	12.98					
C14 水源水质达标率	49.23	19.24					
C15 规模以上工业万元增加值取水量	83.45	28.96	B1-2 节水	81.90	13.653		
C16 万元农业增加值取水量	69.91	9.42					
C17 供水管网漏损率	78	27.066					
C18 地下水超采情况面积比例	100	13.47					
C19 节水宣传教育	82	2.993					

4.4.3 水环境体系评价

对白马河流域的水环境方面的内容进行调查分析和评价,包括干流与主要治理的水功能区水质达标情况、排污口分布情况、各类面源污染的来源与入河排污量核算等。

4.4.3.1 白马河流域水功能区水质评价

1.白马河干流水功能区水质现状

白马河干流为1个一级水功能区,下划3个二级水功能区,分别为白马河邹城段工业

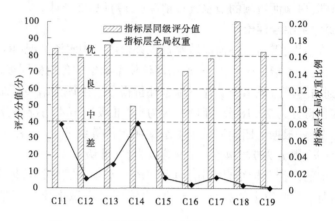

图 4-30　白马河流域水资源体系综合评价结果

用水区、白马河邹城排污控制区和白马河微山过渡区。根据 2018 年水质监测数据,采用单因子指数法对 COD 和 NH_3-N 进行双指标评价,全年水质达标情况采用频次统计分析方法,结果表明白马河邹城段工业用水区干流 2018 年水功能区现状水质为 Ⅲ ~ Ⅳ 类,水质达标;白马河微山过渡区 2018 年现状水质类别为 Ⅳ 类,未到达水功能区水质要求。因此,白马河干流三个水功能区中有一个水质不达标,则白马河干流水质达标率为66.67%。

表 4-37　白马河水功能区水质现状清单

一级水功能区	水功能二级区	行政区	现状水质	水质目标	达标情况	主要超标污染物
白马河济宁开发利用区	白马河邹城段工业用水区	济宁市	Ⅳ	Ⅳ	达标	
	白马河邹城排污控制区	济宁市	Ⅳ			
	白马河微山过渡区	济宁市	Ⅳ	Ⅲ	不达标	氨氮、总磷

2. 白马河主要支流水质现状

根据 2018 年对白马河主要一级支流进行的采样监测结果,采用单因子指数法对监测结果进行了双指标评价。

根据双指标评价结果,迎河两处监测断面中有一处监测断面水质为劣 Ⅴ,其余 5 条河道的 11 个监测断面水质为 Ⅱ ~ Ⅳ 类,达到水功能区水质要求。

3. 白马河流域水功能区水质评分

根据白马河干流、主要支流的水质监测及双指标评价结果,白马河干流水功能区水质达标,达标率为 50%;主要支流 12 个监测断面中 1 个不达标,达标率为 91.67%。按照流域内干流占比权重 50%,支流占比权重 50%,对流域内水功能区总体水质达标率进行计算:

流域内水功能区总体达标率=干流水功能区达标率×0.5+主要支流水功能区达标率×0.5

根据流域内水功能区总体达标率公式,得出白马河流域水功能区水质达标率为

79.33%。根据南四湖地区流域水生态文明评价体系打分规则,水质评价等级为中,分值在 40~60 分,采用内插法计算,白马河流域水功能区水质达标情况评分值 59.33 分。

4.4.3.2　白马河流域污染源整治情况

1. 工业污染源整治情况

白马河流域涉及济宁市的邹城市、微山县、曲阜市、兖州市,枣庄市的薛城区、滕州市、台儿庄区、峄城区等行政区域,煤炭产业、化工产业及制造业为流域优势产业,流域内产业结构较重,污染企业集中分布,工业园区建设较为规范,根据山东省重点监控企业自行监测信息公布,流域内各重点煤炭企业、化工企业及制造业排污基本能够达标排放,但部分企业存在季节性或阶段性部分指标超标现象,根据调查,本研究白马河流域企业排污达标率以 92% 计,根据南四湖流域水生态文明评价体系,C22 工业企业废污水达标处理率评分值 84 分。

2. 城镇生活污水处理情况

白马河流域穿越城区段生活污水基本都纳入市政管网经污水处理厂处理后排放,管网覆盖率超过 90%,部分镇区、城乡结合部、老旧小区等仍存在生活污水散排或雨污合流情况。根据山东省重点监控企业自行监测信息公布,流域内各生活污水处理厂均能达标排放,约 10% 生活污水未经集中处理,按入河率 0.6 计,约 6% 城镇生活污水排入水体,本研究城镇生活污水处理达标率以 94% 计,根据南四湖流域水生态文明评价体系,C24 城镇生活污水处理达标率评分值为 88 分。

3. 农村生活污水治理情况

白马河流域农村生活污水主要为洗澡洗涤污水、厨房污水及厕所污水。根据现场调查,流域基本实现旱改厕,部分临近城镇村庄已铺设污水管网经污水处理场站集中处理后排放。但仍有部分村庄生活污水仍是散排方式,洗澡洗涤污水、厨房污水等从房前屋后排出后沿道路边沟或自然低洼处排走,但污染物会随雨水冲刷排入附近河流、排涝沟、穿堤管涵或坑塘。根据《济宁市农村生活污水综合治理实施方案》,白马河流域现状农村生活污水集中处理率约为 40%,根据南四湖流域水生态文明评价体系,C23 农村生活污水集中处理率评分值为 40 分。

4. 农业种植面源污染治理情况

白马河流域主要农作物为小麦、玉米、大豆、棉花等,林果业主要为梨、苹果等。所属分区为黄淮海半湿润平原区,地形为平地及山区丘陵,土地利用方式为旱地和水田种植模式为两熟。农田种植污染主要为肥料污染和农药污染,主要通过地表径流、土壤渗透等方式进入水体。按入河系数 0.14 计算,白马河流域年农药入河量为 334.29 t/年,化肥年入河量为 23 269.23 t/年,污染物入河量/耕地面积值为 20.89 t/km²,根据南四湖流域水生态文明评价体系,C25 农业种植面源污染物入河量/耕地面积同级评分值为 58.22 分。

4.4.3.3　水环境体系综合评价

综合以上评价结果,得出白马河流域水环境评价体系中水功能区水质达标情况(B2-1)及污染源整治情况(B2-2)两个中间层的各指标层的得分,根据评价体系确定的各指标同级权重及中间层同级权重,计算得到白马河流域水环境体系综合评价得分。由评价结果可知,白马河流域的水功能区水质达标情况同级综合得分为 59.33 分,污染源整治情况得分为 73.45 分,根据南四湖流域水生态文明评价等级分类,二者评价等级均为良(Ⅱ级);水环境体系评价综合得分为 66.39 分,评价等级为良(Ⅱ级)(见表 4-38、图 4-31)。

根据各指标层的评价分析结果可知,白马河流域水生态文明评价体系水环境体系中农村生活污水集中处理率评分值最低。

表 4-38　白马河水环境体系综合评分

指标层	同级评分值（分）	同级加权评分值（分）	中间层	同级评分值(分)	同级加权评分值(分)	准则层	准则层评分值(分)
C21 水功能区达标率(双指标评价)	59.33	59.33	B2-1 水质	59.33	29.665	B2 水环境体系	66.39
C22 工业企业废污水达标处理率	84	36.01	B2-2 污染源整治	73.45	36.73		
C23 农村生活污水集中处理率	40	5.888					
C24 城镇生活污水达标处理率	88	20.2752					
C25 农业种植面源污染物入河量/耕地面积	58.22	11.278					

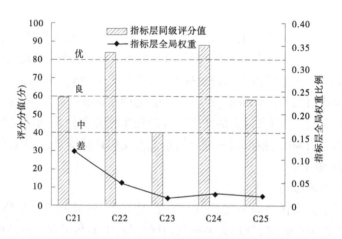

图 4-31　白马河流域水环境体系综合评价结果

4.4.4　水生态体系评价

4.4.4.1　水生态系统组成

1. 水生浮游植物组成

白马河生态调查中,春季共检出浮游植物 7 门 45 属 58 种,秋季共检出浮游植物 7 门 58 属 58 种。

春季白马河水体中的浮游植物中种类和生物量(密度)最大的是硅藻(占 32.7%)和

绿藻(占 29.1%),其次是蓝藻(占 25.5%)和裸藻门(占 5.5%)。此外,水体也出现了黄藻门、隐藻门和甲门藻的浮游植物,但是生物量较小。

秋季白马河水体中的浮游植物中种类和生物量(密度)最大是绿藻(占 30.9%)和硅藻(占 30.9%),其次是黄藻门(占 27.3%)和蓝藻(占 25.5%)。此外,水体也出现了甲门藻、隐藻门和隐藻门的浮游植物,但是生物量较小。

水体中硅藻和绿藻占主要地位反映出白马河受到一定的污染,有富营养化倾向;水体中浮游植物种类较多,形成较完整的浮游植物生态群落,对水质改善有较强的效果。

2. 浮游动物和底栖动物组成

白马河取样断面的浮游动物以甲壳动物为主,有少量的原生动物和后生动物。

3. 生物多样性评价

利用水生生物完整性指数对水生态系统的生物多样性进行评价并赋分。

白马河流域生物完整性指数计算以南四湖湖区 2015 年水生生物种数作为基准种数,以调查获取的 2018 年白马河干流及主要支流水生生物种数作为评价对象。

$$I_{生物完整性} = \frac{TY_{浮游植物}}{JTY_{浮游植物}} + \frac{TY_{浮游动物}}{JTY_{浮游动物}} + \frac{TY_{底栖}}{JTY_{底栖}} + \frac{TY_{维管束植物}}{JTY_{维管束植物}} + \frac{TY_{鱼类}}{JTY_{鱼类}}$$

其中:$TY_{浮游植物} = 58, JTY_{浮游植物} = 47; TY_{浮游动物} = 11, JTY_{浮游动物} = 7; TY_{底栖动物} = 2, JTY_{底栖动物} = 8; TY_{水生维管束植物} = 8, JTY_{水生维管束植物} = 13; TY_{鱼类} = 28, JTY_{鱼类} = 31$。

经计算,白马河流域水生生物完整性指数为 0.914 8,根据南四湖地区流域水生态文明评价体系,采用内插法计算评分值,则白马河流域水生生物多样性情况(C37 水生生物完整性指数)得分为 89.03 分。

4.4.4.2　采煤塌陷区评价

白马采煤塌陷区占地为 13 839.5 hm²,其中,积水面积为 2 353.1 hm²。截至 2015 年底,共治理采煤塌陷地 6 398.4 hm²。该流域煤炭塌陷区主要位于泗河和白马河周边,连片分布,加之地下潜水位高,积水情况严重。围绕都市圈发展定位,主要以生态修复为主,依据其区位和特点,采用渔业、光电、人工湿地和农业观光等治理模式,重点营造城市湿地,对于轻度积水区,采取挖深垫浅的治理模式,发展立体农业和鱼禽综合养殖业;对于重度积水区,采取造岸、护坡、绿化等工程措施,建设生态湿地、平原水库、涵养水源、调蓄雨洪。

白马河流域的塌陷区治理基本为生态治理方式,生态治理率为 46.23%,根据南四湖地区流域水生态文明评价体系,采用内插法计算评分值,则白马河河流域采煤塌陷区生态治理情况(C31 生态治理面积恢复率)得分为 72.47 分。

4.4.4.3　生态流量评价

根据调查,白马河流域范围内 2018 年全年生态流量满足天数所占比例为 72%,根据南四湖地区流域水生态文明评价体系,梁济运河流域生态流量满足程度分值在 60~80 分范围内,采用内插法计算评分值,则白马河流域生态流量满足程度 C33 得分为 84 分。

4.4.4.4　区域宜水面积评价

根据白马河流域 2018 年卫星解译成果(见图 4-32),流域水域面积占比为 5.20%(见表 4-39),根据南四湖地区流域水生态文明评价体系,白马河流域宜水面积率分值在 40~60 分范围内,采用内插法计算评分值,则白马河流域宜水面积率 C32 得分为 46.05 分。

表 4-39　白马河河流域地类统计

地类	面积（km²）	面积占比（%）
耕地	664.54	58.82
林地	97.45	8.63
园地	21.16	1.87
草地	44.98	3.98
水域	58.75	5.20
建设用地	242.81	21.49
合计	1 129.69	

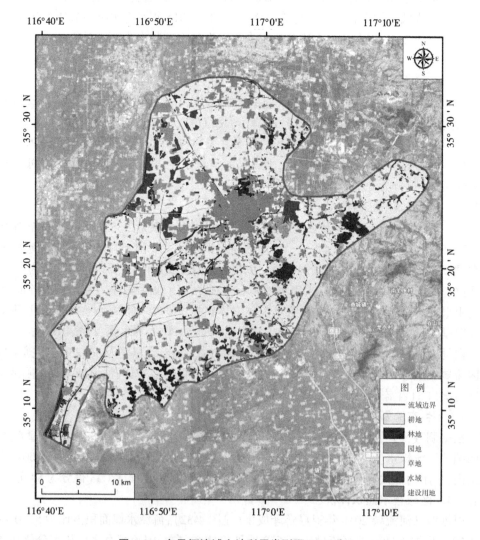

图 4-32　白马河流域土地利用类型图（2018 年）

4.4.4.5　水生态体系综合评价

综合以上评价结果,得出白马河流域水生态评价体系中塌陷区治理情况(B3-1)、水域生态情况(B3-2)、岸坡情况(B3-3)、生物多样性情况(B3-4)及防洪安全情况(B3-5)5 个中间层的各指标层的得分,根据确定的各指标同级权重及中间层同级权重,计算得到白马河流域水生态体系综合评价得分情况见表4-40。白马河流域水生态体系综合评价得分为 69.57 分,评价等级为良。中间层中,B3-1 采煤塌陷区的生态治理评价等级均为中(见图 4-33)。

表 4-40　白马河流域水生态体系综合评分

指标层	同级评分值(分)	同级加权评分值(分)	中间层	同级评分值(分)	同级加权评分值(分)	准则层	同级评分值(分)
C31 采煤塌陷区生态治理面积恢复率	72.47	72.47	B3-1 采煤塌陷区治理	72.47	18.22	B3 水生态体系	62.78
C32 区域适宜水面率(河流、湖泊、湿地等)	46.05	19.74	B3-2 水域生态	68.444	12.02		
C33 生态流量满足程度	84	36.0024					
C34 河流纵向连通性(拦河闸坝等建筑物数量/100 km)	88.89	12.70					
C35 生态岸坡比例	80	26.664	B3-3 岸坡	34.924	4.65		
C36 水土流失整治率	12.39	8.26					
C37 水生生物完整性指数	89.03	89.03	B3-4 水生生物	89.03	12.85		
C38 防洪堤达标率	77.775	19.39	B3-5 防洪安全	50.92	15.05		
C39 行洪障碍物面积占比	33.79	20.06					
C310 洪涝灾害预警防治体系完备率	73	11.47					

4.4.5　水景观体系评价

4.4.5.1　水利风景区建设情况

白马河流域现有国家级水利风景区 1 处(见表4-41),国家级水利风景区面积比例为 9.10 个/万 km²,评价等级为优,采用内插法计算评分值,白马河流域国家级水利风景区建设情况(C44 国家级水利风景区数量)得分为 87.33 分。省级水利风景区有 3 处(见

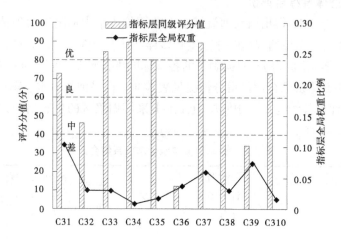

图 4-33 白马河流域水生态体系综合评价

表 4-42），面积比例为 27.30 个/万 km²，评价等级为优，采用内插法计算，流域省级水利风景区建设情况（C45 省级水利风景区数量）评分值为 94.60 分。

表 4-41 白马河流域国家级水利风景区建设情况一览

序号	水利风景区名称	所在地市	级别	景区介绍
1	沂河水利风景区	曲阜市	国家级（2014年第十四批）	沂河水利风景区位于济宁市曲阜市南部，依托曲阜沂河及其支流蓼河而建，属于城市河湖型水利风景区。景区面积 4.126 km²，其中水域面积 1.312 km²。景区段的沂河、蓼河水体上下游两端相连，沂河建有亲水栈桥、亲水平台、游船码头等八处滨水构筑物，河道两岸不仅建有石柱围栏、景观亭、大型台阶、残疾人坡道等设施，还设置了孔子论语碑，孙中山天下为公碑、孔子故里碑等人文景观，以及湿地公园亲水区等自然景观。2013 年被批准为第十批省级水利风景区，2014 年被批准为第十四批国家水利风景区

表 4-42 白马河流域山东省省级水利风景区建设情况一览

序号	县市	风景区名称	级别
1	邹城市	狼舞山水利风景区	省级
2	邹城市	峄山湖水利风景区	省级
3	邹城市	蓝陵古城水利风景区	省级

4.4.5.2　水景观体系综合评价

综合以上评价结果,得出白马河流域水景观体系综合评价得分为 78.38 分,评价等级为良(见表 4-43、图 4-34)。

表 4-43　白马河流域水景观体系综合评分

指标层	同级评分值(分)	同级加权评分值(分)	中间层	同级评分值(分)	同级加权评分值(分)	准则层	同级评分值(分)
C41 湿地面积率	81.3	20.325	B4-1 湿地	65.325	29.69	B4 水景观体系	78.38
C42 湿地有效保护率	60	45					
C43 水文化承载体数量(个/万 km²)	92.79	92.79	B4-2 水文化	92.79	8.442		
C44 国家级水利风景区(个/万 km²)	87.33	72.77	B4-3 水利风景区	88.54	40.24		
C45 省级水利风景区(个/万 km²)	94.59	15.77					

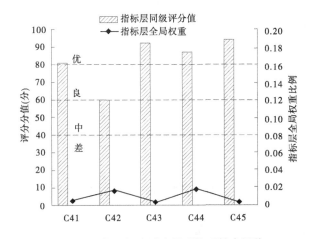

图 4-34　白马河流域水景观体系综合评价

4.4.6　水管理体系评价

按照南四湖地区流域水生态文明建设评价体系对水管理体系方面进行现状调查、问题分析及评价与赋分。主要包括从规划编制情况、管理体制机制情况和公众满意度等三个方面内容。

白马河流域水管理体系综合评分值为 63.21 分,评价等级为良,各指标层现状情况见表 4-44 及图 4-35 所示。

表 4-44　梁济运河流域水管理体系综合评价

指标层	现状情况	同级评分值(分)	同级加权评分值(分)	准则层	综合得分(分)
规划编制	各类规划和应急预案基本完备,但实施和实践有欠缺	75	9.24		
管理体制	水管单位机构设置基本完善,制度基本齐全,经费基本落实,但管理模式存在弊端	65	17.719	B5 水管理体系	63.21
信息化管理	水质、水文监测联网监控,重点水域实现预警监控;生态建设、水资源管理方面信息化建设较欠缺	60	23.826		
公众意识	多数公众对水生态文明的概念及建设任务有模糊认识,多数认为区域内有进行水生态文明建设的必要性	60	12.426		

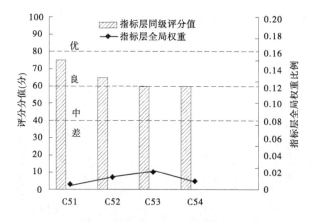

图 4-35　白马河流域水管理体系综合评价

4.4.7　白马河流域水生态文明综合评价

综合水环境体系评价、水资源体系评价、水生态体系评价、水景观体系评价及水管理体系评价的内容与分值情况,汇总白马河流域的水生态文明建设评价及分值,各中间层与准则层评价结果见图 4-36、图 4-37。

白马河流域水生态文明建设综合评分为 66.73 分,评价等级为良,其各准则层指标评价等级均为良,水生态文明建设情况良好。主要存在问题如下:

(1)采煤塌陷问题严重,虽经过较大力度整治,但塌陷带来的生态问题仍严峻。

(2)农村生活污水集中处理亟待推进。

(3)水土流失问题突出。

（4）防洪除涝系统有待进一步提升。

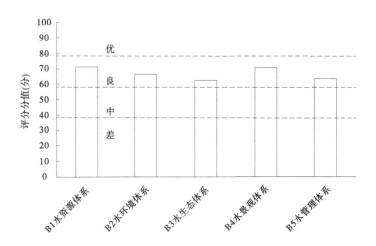

图 4-36 白马河流域水生态文明建设准则层综合评价

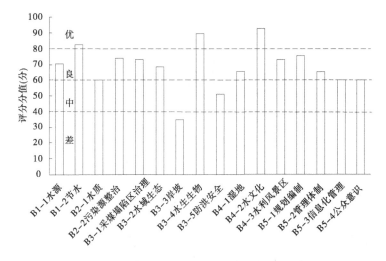

图 4-37 白马河流域水生态文明建设中间层综合评价

第 5 章　南四湖地区流域水生态
文明建设模式构建

5.1　南四湖地区流域水生态文明建设总体布局

　　根据南四湖地区水生态文明建设水平现状调查、SWOT 分析成果、典型流域水生态文明建设水平评价结果,全面概括流域范围内存在的问题,涵盖水生态文明建设内涵的各个方面,从水资源、水环境、水生态、水景观、水管理五个方面提出南四湖地区流域水生态文明建设的"五位一体"的总体布局(见图 5-1)。

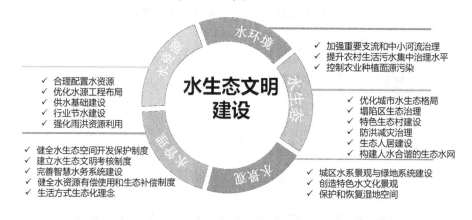

图 5-1　南四湖流域水生态文明建设"五位一体"措施总体布局

　　根据南四湖地区流域水生态文明现状评价成果,流域水生态文明建设存在的短板和缺陷既包括各地水生态文明建设的共性问题(如缺乏政府引导、生态文明意识淡薄、水资源短缺、河湖水质不能稳定达标等),同时也存在区域化的特性问题(如采煤塌陷区生态胁迫、农村生活环境有待提升、水文化资源未有效开发等)。因此,针对南四湖地区流域水生态文明建设,既需要构建针对一般问题的通用模式,同时也需要针对区域特性问题开发特色模式。

5.2　"五位一体"布局——水生态文明建设通用模式构建

　　南四湖流域水生态文明建设"五位一体"措施—通用模式框架见图 5-2。

5.2.1　水资源管理与保护措施体系

5.2.1.1　优化水源工程布局

　　针对南四湖流域水资源的优化配置,主要工程措施有:

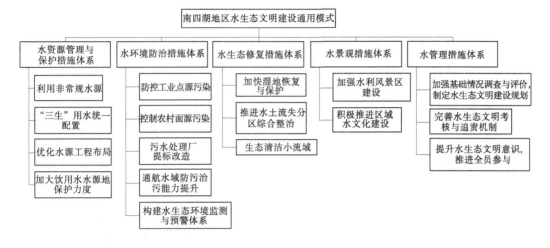

图 5-2　南四湖流域水生态文明建设"五位一体"措施—通用模式框架

（1）加强引黄供水体系建设。通过实施引黄口门改造、引黄调蓄水库及配套管网建设，充分利用黄河水，提高黄河水的调配能力。

（2）根据《南水北调工程总体规划》，目前南水北调东线一期工程已实施完成。规划远期实施南水北调东线二期工程。根据国家部署，积极开展南四湖流域南水北调东线二期工程输水规模、输水线路布局等论证工作，合理确定二期申请引江水量，科学规划工程布局，与省级、市级骨干水网工程和重点调蓄工程统筹考虑，相机启动实施。

（3）构建布局合理、蓄泄兼筹、丰枯调剂、生态良好的水系连通工程体系，增强水资源联调联配能力。

（4）加强雨洪资源利用，因地制宜地建设拦蓄工程和生态湿地，集蓄雨洪水、矿井疏干排水等，同时能够增加水域面积，美化水景观、改善水生态，综合发挥塌陷地蓄水、生态等多种功能。

5.2.1.2　利用非常规水源

进一步提高再生水、雨水利用能力，逐步纳入供水管网，缓解水资源供给不足问题。

一是加强污水处理再生水利用。加快城镇污水处理设施建设，推进污水处理升级改造，加大城镇污水管网建设力度，加强老旧管网和雨污分流改造，完善污水收集系统；优化再生水处理工艺，完善再生水利用设施及配套管网，制定再生水利用优惠政策，加强城镇污水处理回用。推进污水处理厂再生水回用，严格执行新上火电企业再生水利用比例不低于50%、一般工业冷却循环用水再生水利用比例不低于20%的规定，在办理取水许可时优先使用再生水，不足部分再批准使用地表水和地下水，同时加强用水计划管理，分水源进行管理，对超计划用水累进加价征收水资源税，通过经济杠杆促进再生水回用。所有重点镇、南水北调沿线所有建制镇实现"一镇一厂"，建制镇要逐步实现污水处理设施全覆盖和稳定达标运行。加强配套管网建设和改造，逐步实现城镇生活污水处理设施全覆盖和稳定运行。实现城镇污水、工业园区废水、污泥处理设施建设与提标改造工程，推进再生水回用设施建设，提高再生水资源循环利用水平。

二是加强雨水集蓄利用。因地制宜地发展集水池、集水窖等集雨设施,加强缺水地区、缺水城市雨水集蓄利用,规划建设一批雨水收集存储工程。在城市,结合海绵城市建设,规划建设下沉式绿地广场、人工湿地、雨水滞留塘等设施,实现雨水滞纳和存蓄。通过处理达到流域排放标准或中水回用标准的中水,进入再生水截留网,进一步排入再生水调蓄库塘及再生水调蓄河道,实现中水的再生回用。

三是在企业内部大力推行中水回用技术,通过分散与集中处理的模式,建设企业内部的中水处理设施,通过处理达到企业自身中水回用标准的中水,在企业内部进行回用。

5.2.1.3　保证生态用水,实现"三生"用水优化配置

流域内水资源配置时,将河道内生态用水摆在更重要的位置,考虑维持河道内良好的生态环境功能需求,对生活、生产和生态环境相统一的"三生"用水实行优化配置。

提高用水效率、推行节水政策,调整产业结构,减少高耗水行业,同时鼓励企业、居民节约用水,恢复生产、生活挤占的生态用水的配额,保证河湖生态用水比例。确定生态用水的水量和水质标准,明确生态用水指标,生态用水比例应不低于10%,确保生态用水的标准型和可量化性,明确生态用水的获取方式,通过限制取水、建设挡水堰、再生水补给等方式形成合理、可行、达标的生态用水体系。

5.2.1.4　加大饮用水水源地保护力度

针对不同类型的饮用水水源地,以提升饮用水水源地安全保障水平为重点,因地制宜,分类施策。

1. 强化各类饮用水水源地保护

1)河流型饮用水水源地保护

以黄河、南水北调饮用水水源地为重点,完善隔离防护等措施,变迁或关闭保护区内排污口、污染型建设项目等污染源,加强保护区内水污染隐患排查与整治。

优化调整取水排水格局,迁移水源地整治难度大或者取水位置不合理的取水口,整合小型水厂。建立供排水联动机制,合理安排排涝。

2)湖库型饮用水水源地安全建设

以南四湖湖区及各饮用水水源水库为重点保护对象,划定饮用水水源保护区(一级保护区、二级保护区、准保护区),按照各类饮用水水源保护区的保护要求设置隔离防护措施、规范建设项目排污与人口搬迁等。在完善水源地安全建设的同时,加强供水系统安全建设,提升净水厂净水工,完善供水系统布局,推动城乡供水一体化,推进农村饮用水安全巩固提升,全面提高城乡供水安全保障能力。

3)地下水饮用水水源地保护

完善地下水水源保护区划分,明渠一级保护区、二级保护区、准保护区划分范围,一级保护区内禁止新建、改建、扩建与供水设施和保护水源无关的建设项目,已建成的应责令拆除。明确地下水水源水文地质条件、与地表水的补给关系,消除补给源污染因素,加强对饮用水水源井的管理。结合当地的用水需求和水文地质条件,掌握开采时间、强度、降深的变化,制订切实可行的开采计划。

对于地下水超采地区,通过地下水超采区评估,按照规划对深层承压水开采井及超采浅层地下水开采井采取封堵措施,对成井条件查或因混合开采导致污染的取水井予以封

堵填埋,对需要封闭但成井条件好、水质水量有保证的取水井予以封存备用。建立地下水动态监测管理信息系统,实现地下水数据实时上传,做到对地下水位的实时监控。

2. 加强应急保障能力建设

合理规划布局饮用水水源地,科学统筹地表水、外调水、地下水、再生水等水源利用,优化水资源配置,大力推进城区供水管网连通工程建设,形成备用互补的多水源联合供水格局,提高流域水资源调配和应急备用能力。

多途径、多方式、高标准增加流域内应急备用水源储备,启动应急供水配套基础设施建设,确保在任何情况下均要保障城乡基本生活用水,应急备用水源供水规模分别按照满足 2 个月和 3 个月的城乡生活、工业用水量考虑。

建立市县水质监控信息网络,完善水质在线监测及预警,构建水质管理及水质突发事件应急处理的信息共享平台,建立调度中心,在事故状态下,通过系统及时发布调度指令,实施各项应急处置措施。对突发性水污染事件和水质超标事件,采取工程应急调度措施,启用应急水源。

5.2.2　水环境防治措施体系

5.2.2.1　防控工业点源污染,排污口规范化布局

开展落后产能排查,制订并实施落后产能淘汰方案,全面排查装备水平低、环保设施差的小型工业企业,并登记造册,大力发展清洁生产,提升企业清洁生产水平。加强工业废水深度治理,加大检查执法力度。

进一步提高工业企业污染治理水平。废水直接排入环境的企业,在确保达到常见鱼类稳定生长治污水平的基础上,以总氮、总磷、全盐量、氟化物等影响水环境质量全面达标的污染物为重点,实施工业污染源全面达标排放计划。废水排入集中式污水处理设施的企业,严格执行《污水排入城镇下水道水质标准》(GB/T 31962—2015)。实施产能规模和污染物排放总量控制,对造纸、原料药制造、有机化工、煤化工等重点行业,实行新(改、扩)建项目主要污染物排放等量或减量置换;在南水北调重点保护区、泗河源头、城镇集中式饮用水水源补给区等敏感区域实行产能规模和主要污染物排放减量置换。

推进工业集聚区水污染集中治理。集聚区内工业废水必须经预处理达到集中处理要求,方可进入污水集中处理设施。新建、升级工业集聚区应同步规划、建设污水集中处理等污染治理设施。新设立化工园区、涉重金属工业园区要按照"一企一管"和地上管廊要求进行规划、建设,现有化工园区、涉重金属工业园区逐步实施改造。

严格入湖入河排污口监督管理和入河排污总量控制。对入河排污口设置、审批及排污情况建立档案。实行入河排污口立标管理,对已登记和同意设置的入河排污口树立标志牌,标明入河排污口名称、水污染排放标准、明确责任主体和监督单位、监督电话等内容,实行入河排污口动态监管,及时掌握入河排污口变化情况。入河排污口设置应符合规范要求,排放水质、水量应达到相应标准。

5.2.2.2　控制农村面源污染

1. 畜禽养殖污染防治措施

加强畜禽养殖污染防治。积极推进养殖场(小区)粪污收集处理设施建设与改造,推

进标准化畜禽养殖场(小区)建设。开展分散型养殖区排查,指导和规范养殖行为,因地制宜地推进畜禽粪污收集和资源化利用。根据《山东省落实〈水污染防治行动计划〉实施方案》(鲁政发〔2015〕31号),依法关闭或搬迁禁养区内的畜禽养殖场(小区)和养殖专业户。对限养区、适养区内畜禽散养户,实行畜禽粪便污水分户收集、集中处理利用,推行农牧结合循环利用模式,建立畜禽养殖废弃物综合利用的收集、转化、应用三级网络社会化运营机制,探索政府和社会资本合作模式。

2. 农村生活污染防治措施

1) 农村生活污水整治措施

在充分考虑行政村周边自然条件、农村住户聚集程度、生活污水产生量等因素的基础上,采用集中治理、分散治理与资源利用相结合的方式,充分发挥区域环境消纳能力,科学合理地选择收集和治理方式。

2) 农村生活垃圾整治措施

积极开展垃圾分类,逐步实施垃圾分类收集、运输、处置,在各建制镇考虑建设综合垃圾处理厂等垃圾处置装置,逐步实现生活垃圾的无害化处置和资源化利用。根据《山东省人民政府办公厅关于贯彻国办发〔2014〕25号文件改善农村人居环境的实施意见》(鲁政办发〔2015〕45号),完善"户集、村收、镇运、县处理"的垃圾处理体系,禁止生活垃圾、建筑垃圾乱堆乱放现象,改善农村居民生活环境。

3. 农田面源污染防治措施

为减缓农药入河湖对水质的影响,应大力推广低毒、低残留农药及生物农药,强化农药监管,开展农作物病虫害绿色防控和统防统治,合理控制农药使用量,大力发展生态循环农业。引导和鼓励农民调整种植结构,优先种植需肥需药量低、环境效益突出的农作物,减少面源污染。实行测土配方施肥,推广精准施肥技术和机具。加强农作物秸秆综合利用水平。

5.2.2.3　污水处理厂提标改造

推进污水处理能力建设。推进城镇污水处理厂污水处理能力的建设,积极开展雨污分流制、截污式合流制管网建设与改造,杜绝生活污水溢流入湖。

加强现有治污设施升级改造与管理。对现有的污水处理设备及工艺进行升级改造,进一步降低外排污水中氮、磷等元素的含量。积极探索利用煤矿塌陷地和湿地新(改)建人工湿地系统,进一步净化污水处理厂出水。

5.2.2.4　通航水域防污治污能力提升

南四湖、梁济运河是京杭运河运输线的重要组成部分,是山东省内河航运活动最繁忙、最集中的区域,大量船舶在京杭运河上航行,同时梁济运河、南四湖也是南水北调东线工程的重要输水路线组成,因此既要保证南四湖、梁济运河作为航线的重要作用,又要有效治理港口船舶污染。

(1)积极治理船舶污染。

(2)实施非标准船型改造,强制报废超过使用年限的船舶。严格执行国家相关标准,加快现有非标准船舶、老旧船舶的环保设施更新改造。规范拆船行为,禁止冲滩拆解。

(3)增强港口码头污染防治能力。开展港口、码头、装卸点、船舶制造厂污染治理设施调查,加快污水、垃圾接收、转运及处理处置设施建设,提高含油污水、化学品洗舱水等接收处置能力。实现污染物船内封闭、收集上岸,不向水体排放;达不到要求的船舶和运输危险废物、危险化学品的船舶,不得进入南四湖。取缔、改造、拆除一批规模较小、污染重的码头作业点;实现所有港口码头、船舶修造厂污染防治设施达到建设要求。

5.2.3　水生态修复措施体系

5.2.3.1　加快湿地恢复与保护、促进环河湖库生态带工程建设

对改为他用或功能退化的湿地,开展湿地还原,实施退渔还湿、退垦还湿,进行植被恢复重建,通过生态补水、生物水质净化、生态自然修复等措施,显著改善湿地生态环境,扩大湿地面积,逐步恢复湿地功能,建设沿河沿湖大生态带。在支流入干流处、河流入湖口及其他适宜地点,因地制宜地建设人工湿地,截留和降解污染物质,提升流域环境承载力,恢复河湖自然净化功能,为各种珍稀野生动植物提供良好的栖息环境,维护生态环境安全。在城镇污水处理厂、重点企事业单位、大型社区排污口,建设与城市景观相结合的人工湿地,改善城市水生态环境和居住环境。加强和完善已有湿地公园和自然保护区建设,提高湿地生态系统稳定性,保护生物多样性。完善河湖生态防护体系,建造滨湖库缓冲带;结合退耕还滩工作的开展,因地制宜地进行河湖沿线防护林建设,建设环河湖库大生态带。

5.2.3.2　生态清洁流域,建设河流生态廊道

对乡村骨干河道及淤积严重的河道,运用清淤扩容、调水引流、截污治污等工程措施,采取自然护坡、生态护坡,恢复水生动植物生长、繁殖、栖息环境等措施进行水生态整治,维持河道自然走向。

在河流沿集镇区建设带状公园,在河流汇水区建设有水体净化功能的湿地公园,营造优美环境,提高河流天然水体的自我净化能力。

保障河流生态环境需水量,提高水生态环境质量,促进水生态良性循环,建成沿河乡村休闲观光带和绿色生态带。

5.2.4　水景观措施体系

5.2.4.1　加强水利风景区建设

1. 水利风景区建设目标

依托流域现有水工程和在建的国家重点水利工程,结合流域独特的自然资源、人文资源特点及丰富的其他山水风景,有重点地建设一批特点突出、亲水性强、效益显著的水利风景区,为人们健身、休闲、度假、观光、旅游和科普、文化、教育等提供较为理想的场所。综合规划覆盖全流域的主要河流、湖泊和大中型水利工程及其服务区域的水利风景区,形成布局合理、类型齐全、管理科学的水利风景区网络。全面改善流域城乡人居环境,基本形成水清、岸绿、景美,人水和谐发展的局面。

2. 水利风景区功能定位和分类

根据流域现有水利工程和正在建设与即将实施的不同类型工程体系特性,结合不同

景区的自然资源、人文资源与当地条件,按照"因地制宜,突出特点,形成特色"的原则,建设各类水利风景区,并大致归纳为以下类型:

(1)水库型。景区建设可以结合工程建设和改造,绿化、美化工程设施,改善交通、通信、供水、供电、供气等基础设施条件。核心景区建设应重点加强景区的水土保持和生态修复,同时,结合水利工程管理,突出对水科技、水文化的宣传展示。

(2)湿地型。湿地型水利风景区建设应以保护水生态环境为主要内容,重点进行水源、水环境的综合治理,增加水流的延长线,并注意以生态技术手段丰富物种。

(3)自然河湖型。自然河湖型水利风景区的建设应慎之又慎,尽可能维护河湖的自然特点,可以在有效保护的前提下,配置以必要的交通、通信设施。

(4)城市河湖型。将城市河湖景观建设纳入城市建设和发展的统一规划,综合治理,进行河湖清淤,生态护岸,加固美化堤防,增强亲水性,使城市河湖成为水清岸绿,环境优美,风景秀丽,文化特色鲜明,景色宜人的休闲、观光、娱乐区。

(5)灌区型。灌区水渠纵横,阡陌桑图,绿树成荫,鸟啼蛙鸣,环境幽雅,是典型的工程、自然、渠网、田园、水文化等景观的综合体。景区可结合生态农业、观光农业、现代农业和近年兴起的服务农业进行建设,辅建以必要的基础设施和服务设施。

(6)水土保持型。在国家水土流失重点防治区内的预防保护、重点监督和重点治理等修复范围内进行,亦可与水保大示范区和科技示范园区结合开展。突出自然、人文、水文特色,营造水清、林密、石奇、鸟语花香、人与动物和谐相处的景区环境。

(7)水文化结合型。把水利风景区建设作为提升水工程及其水环境的文化内涵和品位的示范工程。水利风景区建设与管理过程中,更加注重水利功能与人文内涵的有机结合,以及水利科技知识的普及,注重塑造精品景区,提升景区质量,加强宣传和引导,提升景区社会影响力。开发水文化景观,宣传推广水文化价值。开展水美系列推介活动,面向社会公众开展"最美水利风景""最美湖泊""最美水工程"宣传推介活动,使之成为传播水文化的重要平台,成为水文化产业发展的重要领域。

5.2.4.2 积极推进区域水文化建设

1.加强水文化研究,深度发掘流域水文化内涵

(1)深入研究水文化与相关水科学技术、水管理等方面的相互关系。提升水文化在水利、环保等工作中的内在功能;深入研究水文化建设渗透到水工程的规划、设计、建设、管理之中的有效途径,尽可能地发挥好科学与艺术在水利上的完美结合,全面发挥水工程的各项功能,提高水工程的文化品位。

(2)围绕水与人类社会的诸多方面,包括政治、经济、社会发展及科学技术、文学艺术等诸多方面的关系,从历史地理、风土人情、传统习俗、生活方式、行为规范、思维观念等方面,多角度、宽领域、全方位地进行研究。

(3)围绕水文化体系建设,分层次、分领域地广泛开展水文化研究活动。深入开展水行业系统内各领域的水文化研究,包括治水思路、治水理念、治水方略、制度设计、价值取向等,融入水文化建设理念,不断丰富完善可持续发展治水思路。

2.提升水工程和水环境的文化内涵

(1)把文化元素融入到水利规划和工程设计中,提升水利工程的文化内涵和文化品

位。努力使每一处水利工程都成为独具风格的水利建筑艺术精品,成为展现先进施工工艺和现代管理水平的现代高科技载体和现代水工建筑艺术载体。重点建设一批富涵水文化元素的精品水利工程。形成以工程为轴心,既体现兴利除害功能,又能反映本地区本流域特有的优美自然环境、人文景观以及民俗风情于一体的乐水家园,展现治水兴水的人文关怀和文化魅力。

(2)加大对现有水利工程建筑的时代背景、人文历史以及地方民风民俗的挖掘与整理,增加文化配套设施建设的投入,丰富现有水利工程的文化环境和艺术美感。

(3)要用现代景观水利的理念和现代公共艺术、环境艺术设计思路与手段去建设和改造水工程,实现水利与园林、治水与生态、亲水与安全的有机结合,在保障工程安全正常运行的状态下,使风景优美的河道成为人们陶冶性情的好去处,使水利工程成为人们赏心悦目的好风景,使清新亮丽的水利风景区成为人们休闲娱乐的好场所,更好地满足人民日益提高的物质文化生活需要。

3.加强水利遗产的保护和利用

深入挖掘传统水文化遗产,摸清传统水文化遗产的内容、种类和分布等情况,认真梳理传统水文化遗产的科学内核,切实保护好各种物质的和非物质的水文化遗产。

(1)水利文献与档案的整编、分析与共享。采集整编水利文献与档案,并借助科技手段实现网络共享,同时分析挖掘其中蕴含的科技价值。

(2)水利遗产的资源调查。结合水利文献与现有研究成果,对我国现存水利遗产的分布进行梳理,按照水利遗产的类型,对其地点、数量、工程规模、所有权属、管理状况、利用现状和工程效益等基本情况进行调查,建立水利遗产数据库。

(3)水利遗产的保护和利用。分析总结我国水利遗产的现状及存在的问题,根据其价值,探讨水利遗产的保护对策。针对具有重大价值的水利遗产,编制并实施相应的保护与利用规划。

5.2.5　水管理措施体系

5.2.5.1　加强基础情况调查与评价,制定水生态文明建设规划

1.深入调查各流域单元的水生态文明建设基础情况

根据南四湖地区水生态文明建设现状特点,以流域为单元,制订完善的水生态文明现状情况调查方案,进一步明确流域在水资源、水环境、水生态、水景观与水管理体系机制等方面基础情况与存在问题,明确基础情况调查的内容和技术要求,调查的信息资料通过汇总、集成,建立成为涵盖全流域的水生态文明基础信息台账,以此为基础,全面、系统、具体地评估各流域单元的水生态文明本底情况,深入剖析不同流域单元的突出问题。

2.因地制宜,制定流域水生态文明建设规划

紧密围绕各流域地区自然特征、生态环境问题、发展格局等,坚持问题导向,明确不同流域建设方向和重点,优先建设一批水生态文明示范工程、示范基地等,全面发挥“示范”作用和效益,以点带面推进各流域的水生态文明建设,探索流域生态文明建设的特有模

式。鉴于以流域为单元的治理、建设特点，统筹上下游、左右岸、城市与乡村、地表水与地下水等，工程与非工程措施相结合，科学确定南四湖地区流域水生态文明建设目标与规划，有计划、分步骤地推进水生态文明建设。

5.2.5.2　完善水生态文明考核和追责机制

把水生态文明建设水平纳入相关部门年度考核中去，根据年度工作任务、目标等制订考核方案，明确考核评价标准、分值、计分方法及具体时间安排，由市政府统一组织考核，考核结果分为优秀、良好、一般及较差四个等次。对水环境明显改善、水生态修复程度高、水资源保护力度大、水管理重大突破、水利风景区及水文化建设成绩突出的流域管理部门可直接确定为优秀等次；对应对措施不力、河湖生态环境遭到严重破坏、问题整改不到位的流域管理部门可直接确定为较差等次。

水生态文明建设水平的考评结果作为县(区)、乡(镇)党政干部的综合考评的重要依据。考核结果较差的管理部门或工作组，在考核结果通报后，向上级管理部门提交书面报告，说明原因并提出限期整改、改进措施，未按要求改进或整改不到位的，应追究相关责任人责任。对水生态文明建设工作中表现突出的集体和个人，予以表彰和奖励。

5.2.5.3　政府主导，全员参与水生态文明建设模式

1. 成立以流域为单元的政府工作组

政府应在水生态文明建设中起主导作用，把制度创新作为以流域为单元的水生态文明建设模式的重点，深化水管理体制机制创新，参照"河长制"工作模式，流域根据划分的流域单元，结合行政划分，成立以流域为单元的"水生态文明建设"办公室，成立以水利、环保部门为主导，自然资源、文旅部门及各级乡镇、村级政府机构参与的工作组，工作组开展专项调研等活动，科学规划，做好区域内水生态文明规划决策。

完善保障机制，结合各类政策、行动的发布实施，拓宽融资渠道，确保各级"水生态文明建设"办公室的资金投入，建立稳定、高效的投入机制，设置奖惩机制，提高各部门的工作积极性。在强化政府主导作用的同时，更加注重发挥运用市场机制。

2. 加强水生态文明教育，引导全社会建立人水和谐的生产生活方式

要把水生态文明建设融入水利改革发展顶层设计之中，注重从生态文明的角度反思人与自然的关系，积极引导社会建立人水和谐的生产生活方式，促进转变经济发展方式。加大力度宣传国情水情，通过水文化知识的普及和教育，提高全社会的水患意识、节水意识、水资源保护意识，以及维护河流健康生命的意识。利用新闻出版、报刊杂志、广播、影视、广告、网络、微信平台、App应用等大众传媒和现代传媒，不断扩大水生态文明传播的覆盖范围。引导人们自觉遵守水法规，形成符合生态文明建设要求的水资源开发利用模式；引导全社会建立有利于水资源可持续利用的社会制度和生产生活方式。

积极推动把水情教育纳入国民素质教育体系，纳入中小学课程体系，建设水情教育网络课堂(一期)及微信公众平台，引导社会公众知水、节水、护水、亲水。

广泛开展节水型小区建设活动，面向小区居民开展以生活节水等水常识、节水技能为主要内容的节水宣传教育，大力倡导使用生活节水器具，培育节水文化，提高节水意识。

5.3　"五位一体"布局——水生态文明建设特色模式构建

5.3.1　水资源管理与保护措施体系——工业企业节水减排循环发展模式

流域产业间通过各类水源和污水的联合配置,结合流域内生态蓄水调剂功能,构建区域范围内三次产业间水资源联合配置与梯级循环,提升水资源利用效率,减少废水产生与排放(见图 5-3)。

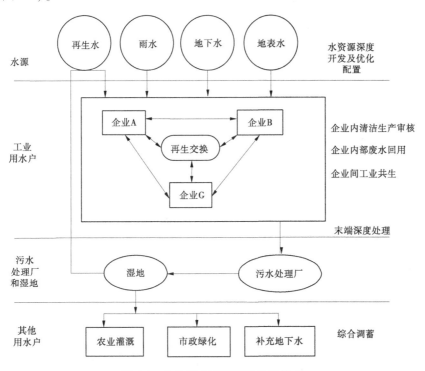

图 5-3　企业节水减排循环发展模式

工业企业或生活污水处理厂污水处理工艺强化与运行优化,设置人工湿地,采用潜流人工湿地对污水处理厂尾水进一步净化水质,达到流域目标地表水水质标准(见图 5-4)。

5.3.2　水环境防治措施体系——农村污染治理模式

5.3.2.1　农村污水分类治理模式

在充分考虑行政村周边自然条件、农村住户聚集程度、生活污水产生量等因素的基础上,采用集中治理、分散治理与资源利用相结合的方式,充分发挥区域环境消纳能力,科学合理地选择收集和治理方式。

1. 分散处理就地利用模式

对位置偏远、人口较少、居住分散,管网铺设难度较大,不能产生污水径流、不便建设集中式污水处理设施或建设成本高的地区,如分散住宅区、偏远山区及其他地形复杂的居

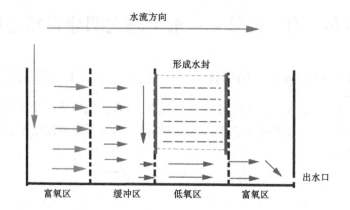

图5-4　污水处理厂出水人工湿地示意图(复氧/低氧潜流人工湿地模式)

住区等,优先通过庭院绿化、农田灌溉等途径就地就近利用。或者分区域就近收集污水,就地各自采用化粪池、小型一体化设备、庭院式人工湿地或组合搭配等方式进行污水处理。各户要实现化粪池配备到位。

2.村级生态处理模式

对于位于非生态敏感区域的村庄,鼓励充分利用周边闲置的沟渠、库塘,通过栽植水生植物和建设植物隔离带等方式进行生态化改造,建设村级生态处理单元;生态处理单元的进水需满足其进水污染负荷要求,对污染负荷较高的污水,需设置预处理设施。对于拟采用该模式的,要明确设施进水水质范围、设施处理负荷、预处理设施选择、预期处理效果等。村级生态处理模式可与村级污水处理站集中处理模式组合对农村生活污水进行处理。

3.市政纳管处理模式

位于城区周边或距离城区、镇区市政污水管网较近且具备施工条件的行政村,综合考虑建设投资、管网建设难度等因素,对具备纳入城镇污水管网条件的,优先考虑将农村生活污水纳入市政管网,由城镇污水处理厂统一处理。对于拟采用该模式的,要复核城镇污水处理能力和污水管网的排水能力是否满足接入要求。

4.村级污水处理站集中处理模式

对不具备纳管条件、居住相对集中且排放要求较高的大中型单村或联村,可选择村级集中处理模式,在连片居住区选择地势低洼且具备排水条件的位置单独或联合建设污水处理设施及配套工程,采用管网就近收集污水,集中处理,实现区域统筹、共建共享。污水处理设施采用一体化污水处理站,规划其排放标准达到一级A标准。

5.3.2.2　发展特色环水有机农业

环水有机农业指从控制面源污染和改善水环境质量角度出发,优先在重要水环境功能区、水环境敏感区等区域周边推动有机农业发展,实现农业生产与水质保护相结合的环境友好型农业模式。

南四湖地区处于南水北调东线工程重点保护区及一般保护区范围内,且南四湖湖区为省级自然保护区,流域内分布有多处引黄干渠饮用水渠,且涉及多处生态保护红线区,因此流域内多处为生态脆弱性流域,在这些重点保护或生态敏感脆弱的流域率先建立一批具有强辐射效应的有机农业与水源地保护示范区,促进环水有机农业在南四湖区域的发展,根据区域生产布局与农产品特色,制定区域特色的环水有机农业发展规划,推广先进有机农业技术,控制农业面源污染,促进流域水质和生态脆弱性改善的同时,带来经济效益,培育健康和可持续的农业发展模式。

环水有机农业技术路线:优化空间格局与景观要素,根据区域地形、地貌、降雨等自然条件,采取合理的农艺措施,提升农田生态系统整体功能。

1. 农田空间布局优化

对闲置荒地、水塘、洼地等非作物区域植被进行保护与恢复,构建湿地、生态岛、集水池等,加强景观结构的合理布局,为害虫天敌以及食物链构建提供生境条件。关注景观连接度,对田埂杂草进行保留,使整个农场贯联,打通生态廊道。

2. 增强景观要素,拦截减源

提高半自然生境的面积比例,因地制宜地构建生态沟渠(见图5-5)、前置库、沉砂池、拦截坝等农田排水系统。氮、磷等元素浓度较高的排水再次循环,作为灌溉水重复利用;在农田系统建立匹配的径流蓄水净化塘、生态岛(见图5-6)等,进行水生生态系统的恢复和湿地等的生态修复。

图 5-5　生态沟渠吸收和拦截面源污染物

3. 农艺措施优化

统筹合理施肥、堆肥、轮(套)作以及生物防治等农艺措施,采用生物源农药替代化学合成农药,将尾菜与羊粪、鸽子粪等资源化利用制作有机肥,替代尿素、复合肥等化肥。有效提高有机农田中的生物多样性,构建更稳定的食物网结构,增强生态系统的生态功能。有机农田中的蜘蛛、瓢虫等天敌动物种类的提高,能有效控制病虫害防控,通过结合有效的生物防治与黄板、杀虫灯等物理防治(见图5-7),可以有效减少农药投入。合理配置有机农田中农作物种类(见图5-8),循环利用尾菜的 N、P 养分,减少化肥投入,并延长面源污染迁移路径,显著降低氮、磷淋溶损失。

通过优化农田生态系统空间格局和景观要素,采取合理的农艺措施,可以充分发挥农田生态系统的生态功能,有效控制病虫害,不仅从源头有效控制农药和养分的投入,过程中也能够延长和阻控氮、磷等营养物质的流失,从而有效控制农业面源污染,改善区域环境质量。

图 5-6　趋避植物构建生态岛

图 5-7　黄板、杀虫灯构建病虫害防控系统

图 5-8　多样化间种

5.3.3　水环境防治措施体系——城市污染水体治理与水生态优化建设模式

　　流域内城市按照主体功能区划和城市发展定位,将水生态文明建设与海绵城市建设、

城市水生态空间功能定位相结合,引导区域发展方式、经济结构、产业布局与水资源承载能力相均衡,恢复河流、湖泊、洼地、湿地等自然水系连通,构建系统完整、空间均衡的现代城市水生态格局。

沿河、环湖建设休闲景观带,建设高质量的生态景观工程,提升城区绿化覆盖率。

采用污染控制、生态修复、水网连通、滨水景观建设等综合整治措施,打造多元、安全、活水、生态、亲水的新型城市水文化,同时考虑蓄与排、滞与蓄的均衡与协调。

城市污染水体治理与水生态优化技术路线见图5-9。

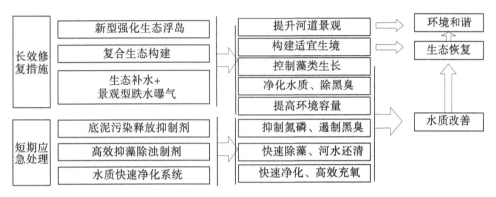

图 5-9　城市污染水体治理与水生态优化技术路线

5.3.4　水生态修复措施体系——采煤塌陷区生态治理模式

5.3.4.1　采煤塌陷区生态治理模式

针对南四湖流域煤田开采导致的地面塌陷问题,应逐步完善防治并重、治用结合的采煤塌陷地综合治理机制,降低塌陷地增加速度,缩减现有塌陷地规模,开展生态湿地建设试点,结合南四湖生态特点,塌陷区开发特色旅游区。

建议轻度塌陷区主要采用农业复垦方式,中度塌陷区实施上粮下渔生产格局,重度塌陷区则采用生态治理方式。对面积较大且程度中度以上的复合型塌陷区,采用产业综合治理,发展种植、养殖、农产品加工、光伏发电以及旅游观光等适宜产业。

首先可以充分利用采煤塌陷区的积水优势,通过发展基塘农业、标准化鱼塘等形成水产养殖基地,按照生态学的食物链过程合理组合,建立立体的景观生态系统,改善破坏的生物生境,提高水域质量。其次可以通过湿地生态建设工程系统,采用以湿地修复技术为主,以地貌重塑技术、植被修复技术等为辅,构建湿地生态系统,优化水域生态环境,保护生物的多样性,实现水域生态环境重建。考虑不同采煤塌陷区的生态被破坏程度和区域特征,因地制宜,实施具有针对行的生态修复方案,可以达到很好的治理效果。

1. 生态农业治理模式

轻度塌陷区主要采用农业复垦方式,发展种植业、养殖业和农产品加工,中度塌陷区可实施上粮下渔生产格局。

对于一些孤立型塌陷地,周边无过渡地带,且恢复水生植被有一定难度,特别是没有足够的中度塌陷区构建净化作用强的挺水植被。对于这类塌陷地,可以采用挖深垫浅或直接利用的方式发展现代生态农业,塌陷区中的塌陷过渡带和变形带经过复垦可以种植粮食、蔬菜或果树,还可作为农产品深加工场所,通过土地平整、填充完成土地复垦,形成集中连片、排灌顺畅的耕地;可挖深地带修复为养殖型构造湿地,引种黑藻或菹草等沉水植物,维持生态系统稳定性,而且能够以鱼净水,改善和修复所在水域的生态环境在此基础上创建净水渔业示范基地和标准化储水园区,发展环保型、品牌型、生态型的循环经济(见图5-10)。

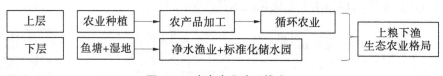

图 5-10　生态农业治理模式

2.生态景观建设模式

对于人类活动密集区的塌陷地,构建景观型构造湿地或者湿地公园。景观型湿地以生态修复为核心,经过湿地再造,恢复原有的水生态功能。通过引种栽培既具有观赏价值又具有净化功能的湿地植物,对地表径流具有良好的过滤净化作用,同时可以营造亲水环境,并引进适合当地的鱼类和鸟类等生物,保证园区内物种的多样性。建设具有一定规模的休闲服务设施,为人们提供生态观光、休闲娱乐的公益性湿地公园(见图5-11)。

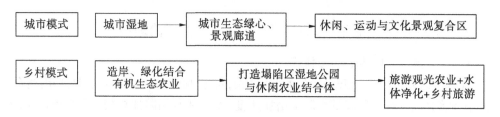

图 5-11　生态景观建设模式

3.水源调控模式

对位于骨干河道附近且水体容积较大的塌陷区,可发展为水源蓄水区。采用工程和生物相结合的方式,河湖连通,在塌陷区外围修建堤防,在下游修建节制闸;并引种具有净化能力强的土著性水生植被,净化水体环境。这种治理模式可有效缓解水源蓄水区控制范围内工业和农业水源紧张问题,且增加了河道调蓄能力,提高了河道的防洪能力(见图5-12)。

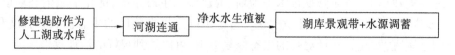

图 5-12　水源调控模式

4.配套管理政策制度

研究制定无法复垦采煤塌陷地的开发利用政策,推进采煤沉陷区各产业协调发展;完善采煤塌陷地流转政策,引导采煤沉陷区土地规模化经营;探索建立允许治理主体按照一定比例进行商业开发治理历史遗留采煤塌陷地并享有其开发治理地块优先受让权的机制和途径。

在规范实施各类治理项目方面,高起点规划设计、高标准实施综合治理项目,复垦的耕地建成高标准农田,提高农作物收成,形成的坑塘水面兼具经济、生态和景观功能,邻近城镇的治理区重点突出对城市的综合服务功能。

5.3.4.2　采煤塌陷区水生态治理示范工程

1. 巨野新巨龙湿地公园

巨野新巨龙省级湿地公园位于山东省菏泽市巨野县西部,规划总面积 438.4 hm²,现状湿地面积 167.7 hm²,湿地率 38.3%。湿地公园为典型的煤矿采空区因地表沉陷、地下水渗出形成的特殊类型湿地。园内水源补给主要依赖自然降水和浅层地下水,东西两处沉陷区湖泊水系封闭、连通性差,湿地补水无法得到保障,通过建立国家湿地公园,调整优化沉陷区水系结构,保障了湿地的水源补给,目前分为永久性淡水湖、草本沼泽、库塘、输水河 4 个湿地型,湿地公园内水生植被丰盛,已观测记录的游禽 10 种,涉禽 14 种,充分发挥水禽栖息地的生态功能,提高了园区的生物多样性和生态系统稳定性。

巨野新巨龙湿地公园积极推进塌陷地治理开发,积极挖掘土地、湿地、淡水、地热和生物质等五大资源价值,着力发展设施农业、循环农业、园林苗圃、油用牡丹、畜禽养殖、淡水养殖、观光旅游和地热利用等八大产业集群(见图 5-13),区域生态环境显著提升,并先后获得国家采煤塌陷区生态修复综合标准化示范区、省级湿地公园、省级农业旅游示范点、休闲农业与乡村旅游示范点等荣誉称号。

图 5-13　巨野新巨龙湿地公园景观图

2. 墨子湿地工程

木石镇采煤塌陷地综合治理暨墨子湿地工程位于山东省滕州市鲁南高科技化工园区中南部,总投资 1.5 亿元,占地 4 km²。项目所在地原为采煤塌陷区域和关闭废弃的工业广场,在治理中科学利用塌陷形成的水域和地形地貌,建成了"两湖"(墨子湖、尚贤湖)、

"两桥"(科圣桥、兼爱桥)、"两船"(百工造船、日照老渔船)、"一车"(世界最大的水车)、"一沙"(金石银滩)、"一像"(毛主席塑像广场)等景观,新栽植苗木1.2万余株,铺设草坪约5万 m²。目前,湿地拥有水域面积约60 hm²,陆生植物110余种,水生植物50余种,自然栖息鸟类30余种,集国土治理、水质净化、生态补偿、文化传承、绿色休闲五大功能于一体,成为全市最大的工业生态示范基地和市民户外休闲中心。

3. 济宁煤炭塌陷区综合治理工程

根据《济宁中心城区近期重点建设任务(2018~2021年)》规划,济宁市结合深度塌陷区,规划了龙拱湖、马场湖、凤鸣湖和少康湖等11处生态湿地,连同太白湖景区,发挥12个湖泊的蓄水、补水、净水、排水复合功能。同时建成葛亭、泗河左岸等平原水库,其中,葛亭水库项目选址葛亭采煤塌陷区,位于任城区廿十里铺街道,拟建平原水库面积3 200亩,蓄水深度5.5 m,蓄水总量1 173.3万 m³,水源为当地汇水和天宝寺沟引梁济运河地表水;泗河左岸水库项目选址泗河左岸采煤塌陷区,位于泗河和白马河之间,涉及兖州区兴隆庄镇南部和邹城市太平镇的北部,拟建平原水库面积23 100亩,蓄水深度3 m,蓄水总量4 620万 m³,水源为当地汇水和泗河地表水。工程建设内容包括平原水库堤坝修筑与防护、引水工程、提水泵站、库区管理与绿化工程,保障城市长远发展的水资源需求。

5.3.5　水生态修复措施体系——生态文明村建设模式

5.3.5.1　自然生态型村庄建设

依托现有山水脉络,坚持原真性保护、原住式开发、原特色利用,体现田园情趣,发掘自然生态型村庄特色,凸显农耕文化、山水文化、湖乡文化,打造"一村一景,一村一品,一村一韵"特色村落,形成各具特色的美丽乡村建设模式。

打造成集自然风光、弘扬传统文化与生态休闲观光于一体的自然生态型村庄。

村内建设完善生活污水收集管网、沟渠体系,依托村庄内现有坑塘,建设湿地、氧化塘等污水处理净化设施,打造"湿地净化+清洁河沟"组合,构建湿地生态景观系统,能够实现净化水质、满足村庄小型河道干沟需水同时形成景观带。

1. 整治村内沟渠

以削减面源污染为主,加大生活污染与农业污染的控制力度,有效治理农村坑塘、沟渠的"脏、乱、差"等环境问题,清除坑塘沟渠淤泥和漂浮物,疏通堵塞的排水沟,引入河道"活水"或积蓄雨水入塘,保证沟渠、坑塘的水体交换。对村内原有河道、湿地景观,以保护为主,开发建设完善为辅,完善村内道路、水渠、建筑物等工程。

2. 开展生态旅游休闲项目

农村作为农耕文化、乡土文化、民俗文化的重要依托,充分发挥农业资源优势,深度挖掘历史文化,以水资源为纽带,农村休闲产品为特色,通过生态休闲项目进一步丰富水文化内涵,提高流域乡村休闲旅游品质。通过建立绿色产品生产基地、农业生态休闲观光园等,发展为集种植、养殖、旅游休闲为一体的绿色生态工程,将农业种植体验与旅游观光相结合,既美化环境,又提高生态效益。

5.3.5.2　产业开发型村庄建设

产业优势和特色明显的村镇,发展"一村一品、一村一企"模式,优化村镇产业结构,提升清洁生产水平,建设完备污水处理设施,开启绿色发展模式,促进农村企业的产业化发展。

1. 政府政策和资金扶持中小企业发展

政府在政策和资金方面加大对农村中小企业的扶持力度,促进中小企业的规模扩大与效益提高,推动企业的产业化发展和规模化经营。对村内个体经营企业,设立农村企业园区,整合个体企业,创新管理模式和生产水平,促进工业、服务业和农业的协同发展。已经有一定发展规模的产业,政府应营造良好的产业环境,扩大销路和生产效率。

2. 以村庄原有自然特色为载体,推动特色产业发展

利用良好自然气候和地形地貌优势,发展规模化养殖产业,建立标准化养殖基地;促进农产品的精细化加工,扩大规模,延伸产业链,保证产品特色化和多样化。

3. 提升村内企业清洁生产水平,改善村内自然环境

对农村规模化企业、小型企业的产业园区、规模化养殖业及农产品加工产业提升生产效率,引进创新生产技术,淘汰落后产能,促进产业规范化发展,提升清洁生产水平。工业企业、园区、养殖场等均应建设污水处理厂站,规范化生产,促进生产资源的循环再利用,发展生态产业发展模式,减少或不排污,改善村内水环境。

5.3.5.3　农业生态化村庄建设

针对农业基础设施相对比较完善,农业机械化水平较高,产出特色农产品的村庄,转变农业种植结构,发展蔬菜瓜果种植,主打绿色生态蔬菜瓜果,大力发展特色农产品,以及农产品加工产业。

1. 发展环水有机农业

发展环水有机生态农业,鼓励农民加入种植基地;通过优化农业种植布局,推广先进有机农业技术,优化空间格局与景观要素,根据区域地形、地貌、降雨等自然条件,采取合理的农艺措施,提升农田生态系统整体功能。大幅降低农药、化肥等的用量,生态种养结合,设置净化塘、排水沟等拦截减源,控制农业面源污染,促进流域水质和生态脆弱性改善的同时,带来经济效益,培育健康和可持续的农业发展模式。

2. 形成生态农业循环模式

农业种植产生的秸秆等废弃物,通过规模化养殖,转化为优质饲料,延伸种植和养殖产业链,发展出奶制品加工、饲料加工、肉制品加工等产业,养殖废物经过进一步加工发展为清洁能源和有机肥料,用于农田种植,土壤质量也得到改善,系统内部资源生态循环,大量减少废弃物的排放,减少了农药化肥等的用量,农业废弃资源综合利用,形成低污染、低投入、高效益的生态循环农业模式。

5.3.5.4　搬迁村庄安置与建设

位于南四湖湖区范围内的村台、严重塌陷区内村庄及河道管理范围内的村庄开展限期搬迁计划,做好搬迁安置工作,优化选址,加大政策和财政支持,根据村庄实际条件,促进村庄产业开发、农业开发及村庄自然环境改善等,建设"美丽移民村"。

5.3.6　水生态修复措施体系——推进水土流失分区综合整治

5.3.6.1　加快南四湖湖东低山丘陵地带水土流失综合治理

根据水土流失现状分析,目前山东省南四湖流域中度以上水力侵蚀主要分布在南四湖湖东片,济宁泗水县、曲阜市、邹城市、枣庄山亭区、滕州市、宁阳县等县域内的低山丘陵地带。

针对该区山多、坡地多、水土流失严重、生态环境脆弱的特点,以流域为单元,强化坡面防护体系、径流调控体系和沟道防护体系,加大林草植被建设和梯田整修改造力度,加强坡地水土流失综合治理,以坡面和沟壑整治为重点,修建水土保持拦、截、蓄等小微型水保工程,积极推行"山顶乔灌草戴帽,山腰经济林缠绕,山脚粮油瓜菜,堰边种植花、草、条,谷坊、塘坝沿沟建,田、水、林、路都配套"的综合治理模式,将 25°以下低标准梯田整修,营造水土保持、水源涵养林,涵养水源,减少土壤侵蚀,促进生态自然修复,提高环境资源承载力,提升农林复合生态调节功能,加强预防监督,严格控制人为水土流失,构建东部生态屏障,发展林果业、畜牧业、农副产品加工业,培植主导产业,发展山地丘陵生态经济,切实提高农民收入。

主要治理措施有:

(1)对荒山荒坡要因地制宜地进行保护性开发,营造水源涵养林和水土保持林草,实行封育措施,培育自然植被。对裸露的山坡要建立林果工程,尽可能减缓山洪危害。陡长山坡要布设截洪排水工程,减少坡面冲刷,分散水势,导流入库、入河。

(2)根据汇流区面积和水土流失情况,自上而下开展沟壑治理。沟头采取拦沙、蓄水谷坊相结合的防治沟头下切;在主沟道相机建设山间塘坝、蓄水池等拦蓄设施;在保障行洪安全前提下,选择下游平缓河道或沟道建设拦水堰坝,就地拦截地表径流,增加灌溉水源;在干、支、毛沟布置截潜、护岸设施,防止沟岸冲刷,减轻对湖库产生淤积。

(3)做好封山育林,促进生态修复。山顶部设立封育界碑和标牌,根据立地条件和林地类型做好疏林补植,提高河流源头区森林覆盖率,确保集水范围内有良好的水源涵养林、水土保持林和山坡植被,保障源头活水、清水。

(4)山丘区是森林公园、湖库水源地的集中分布区,应加大综合治理和预防保护力度,防止人为生产建设对其造成破坏影响,在湖库周边采用自然和人工相结合的方式建立防护林带和生物过滤缓冲带,减少进入湖库泥沙量,完善截污导流设施,净化水质。

(5)针对坡面水土流失采取低标准梯田整修、沉沙池等配套坡面工程、营造水土保持林草,在防护林带造林树种选择上,按照适地适树的原则,优先选择乡土树种和经济效益较高的树种,推广混交模式。杜绝 25°以上坡地种植农作物,要还林还草。

(6)积极发展名、优、特、稀经济林果和畜牧、农副产品及其加工业,逐步形成各具特色的主导产业,建立起生态型农业。严格控制化肥农药用量,防治面源污染。

(7)加强监督管理,预防人为水土流失,巩固国家水土保持重点工程、坡耕地水土流失治理等治理成果。

5.3.6.2　加强滨湖平原区水质维护、蓄水保水工程建设

南四湖滨湖平原地带主要涉及滨湖的济宁市微山县、太白湖新区、任城区部分地区、

鱼台县部分地区,以及枣庄市滕州市、薛城区、台儿庄区的部分地区,该区以南四湖湖区为中心,生态状况相对良好,水土流失以水力侵蚀为主。该区应重点做好保护自然生态、维护南四湖生态环境、维护水质等工作,着力打造水系生态保护系统,实施驳岸改造、增加绿化,营造清水空间,进一步优化区域生态环境。发挥水土保持农田防护功能,维护和提高土地生产力,保障农业生产。加强预防监督,严格控制人为水土流失。

主要治理措施:

(1)保护南四湖生态,维护水质,加强河流湿地生态修复与保护,维护河流湿地健康生态。采取水土保持综合防护措施,实施保水促渗措施,实现水清、岸绿、流畅、景美;通过生态驳岸、生态绿化等措施,提高生态自我维持能力;加强滨河、滨湖保护区治理,实施以绿代水、增加植被覆盖等措施,打造绿色生态廊道。

(2)保护和建设滨湖湿地。做好滨湖和河流湖库湿地生态修复与保护,维护湿地健康生命。因地制宜地开展相关湿地生态修复措施,恢复和最大限度地维持湿地自然生态过程和生态功能;加强生态植被的营造,减少入湖泥沙淤积量;做好水质维护,控制湿地污染。

(3)构建水源涵养工程。按照划定的生态红线,加大水源涵养区保护力度。包括森林生态修复与保护、退耕还林、农田防护林建设、森林生态廊道建设等工程,提升流域绿化水平。以流域为单元,加快宜林荒山、荒坡、荒地、荒滩国土绿化。严重沙化土地、重要水源地 15°~25°坡耕地、严重污染的耕地等有序实施退耕还林还草。沿重要河流、南四湖水系生态带,对周边一定范围内裸露土地进行植树绿化,对退化林地进行更新改造,提升水源涵养能力,保障生态安全。加强新造林地管理和中幼龄林抚育,完善森林防火和林业有害生物防治体系。

5.3.6.3　着重做好黄泛平原区风蚀治理

山东省南四湖流域的中西部主要为黄泛平原地带,主要包括济宁市的嘉祥县、梁山县、汶上县、金乡县、鱼台县的部分区域以及菏泽市全境。该区林木覆盖率普遍较低,土壤以沙土、粉沙土和粉土为主,质地松散,一般 4 级以上风力即可造成扬沙,风力侵蚀不容忽视。该区应重点做好防风固沙、营造林带林网建设,充分发挥水土保持农田防护功能,沟、渠、田、林、路、村统一规划,完善农田灌排体系,积极推广节水灌溉,逐步形成网、带、片、点结合的防护林体系,提高区域林草覆盖率和农田林网控制率,增强防风固沙和抵御风旱自然灾害能力;适当发展经果林建设规模,促进农业产业结构调整,减轻风沙灾害。

主要治理措施有:

(1)完善农田林网。营建和改造农田防护林,提高农田林网控制率,防御自然灾害;改善农业产业结构,严禁违法乱占滥用耕地;推行保护性耕作制度,减少对地表扰动;重视节水灌溉,提高灌溉效率;控制农药化肥使用量,减少面源污染。

(2)加强农田排灌工程、桥涵、道路工程为主的工程措施和以农田林网、经果林、防风固沙林为主的植物措施,并配以林粮间作套种、秸秆还田、增施有机肥等农业技术措施,增加土地产出率。

5.3.7　水景观措施体系——特色水文化建设模式

水文化是人类在兴水利、除水害的过程中创造的物质财富和精神财富的综合,水利工程、桥梁、水井、水利工具等都可以归为水文化。水文化与其他文化一样都具有时代性、地域性、民族性等基本特征,在水文化建设中应深入挖掘、整理与研究南四湖地区各流域的水文化差异与特色。在此基础上开展特色水文化建设模式。

5.3.7.1　采煤塌陷区特色水文化

南四湖地区尤其滨湖地带采煤塌陷区分布广泛,沉陷范围较广,积水程度较大,在采煤塌陷区治理中融入水文化、水景观治理理念,因地制宜,注重特色,自然与人文相融合,将水文化内涵元素、采煤发展历史同塌陷区生态治理有机结合,发展具有塌陷区水文化特色的水利风景区模式,打造塌陷区水文化品牌。针对滨湖连片采煤塌陷区实际情况,建设水系连通工程、生态补水工程等,建设闸坝拦蓄水,提升塌陷区的水系连通性和水量调蓄能力,改善水质;塌陷区周边清理整理岸坡,建设景观绿化带,保持水土,完善休闲空间建设,以及树林、草地及其他湖岸休闲设施,结合矿坑改造建设水文化生态园;建设由挺水植物、浮游植物、沉水植物、耐湿乔灌木共同组成的完整的湿地植物群落,合理安排矿井水利用,开张矿井水利用工程,因地制宜地建设具有采煤区特色的人水合谐的中小型湿地公园。

5.3.7.2　古运河生态文明文化带建设

以运河为依托,宣传运河沿线丰富的人文自然遗产,发掘优秀的文化传统,建设运河文化复兴工程、特色风貌展示工程,修建堤顶道路,修缮具有古运河特色的桥梁、涵闸、码头、河埠,建设河岸景观绿化工程,开发运河非遗体验区,修建整合运河民间博物馆群,规范古运河综合商务区(包括老会馆、老茶馆、老厂房等),展示古运河"水陆通衢,商贾云集"的繁华盛景,打造以古运河文化为中心的具有北方景观园林特色且极富文化底蕴的"大运河历史文化长廊",加大文旅融合力度,通过古运河生态保护,形成完美和谐的水绿融合、文化融合、历史融合、人文融合的具有江北水乡特色的文化新区域,把优秀的传统文化同现代化经济建设和城市发展有机地结合起来,创造出优秀的"新运河文化",为建设运河经济文化带做出贡献。

5.3.7.3　南水北调文化水文化构建与诠释

南水北调文化是在南水北调工程历经半个多世纪的规划和建设过程中所形成的工作理念、管理流程、职业道德、建设成果等物质形态和精神形态的综合,是建设者、移民等的群体意识、精神风貌的集中体现,反映着南水北调这一重大水利建设工程所遵循的和谐共融、协调发展的价值取向与行为规范,南水北调文化所蕴含的理念有利于推动大型基础工程设施建设,推动南四湖流域的水生态文明建设进程。深入挖掘南水北调水文化的内涵和延伸,推广和整合工程技术研究、南水北调品牌建设,通过多种政治、经济、文艺等手段加强南水北调文化的构建和传播。成立专门机构,搭建南水北调东线工程文化研究推广平台,加大文化推广传播力度,强有力打造南水北调特色文化地标,扩大南水北调文化的社会影响力和生命力。大力打造南水北调东线工程文化之旅,将工程标志性水工建筑打造成旅游景点,并与沿线临近旅游资源整合,开发具有南水北调特色的旅游产品,充分发挥南四湖流域地处南水北调东线工程保护区范围内的优势。

5.3.7.4　新城区水核心文化廊道建设

南四湖流域内菏泽市、济宁市、枣庄市、临沂市各县区等历史文化底蕴深厚,水文化内涵丰富,是流域内宝贵的水历史文化资源,老城区的建设传承古城水文化,新城区的开发和建设过程中应以水为核心,围绕城区河道、湖库、水系,或借助老城历史文化优势重现古城墙、古码头、古民居、古街巷、古商埠等历史遗产,建设水上文化古城;或以城市美学结合服务、配套、景观、设施,融合当地旅游优势资源(如菏泽牡丹文创园、花城汇等)开发水街风情休闲区、滨水活力生态区等发展文旅产业。

5.3.8　水管理措施体系——智慧型水生态文明建设管理体系建设

针对南四湖流域涉水监控能力不足、精细化管控水平不高的问题,打造"系统化、信息化、现代化、预警型、决策型"的智慧化水生态文明建设管理体系。构建水资源管理与决策信息系统、防汛抗旱智慧管理系统、水环境监控与与预警系统、水生态健康管理系统等联动的综合化水生态文明建设信息管理智慧平台,建成覆盖南四湖流域且以流域为单元的、先进的、可靠的、实用高效的具有基础信息采集、监测、监控、预警、决策、响应等功能的水生态文明建设管理体系(见图 5-14)。

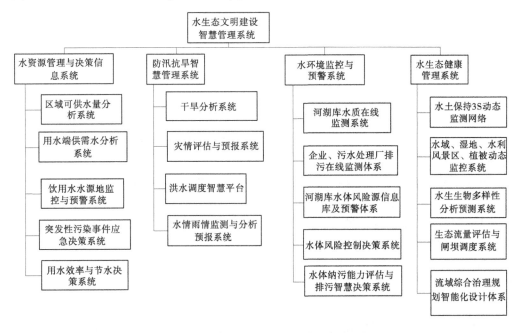

图 5-14　水生态文明建设智慧管理系统框图

5.4 湖西平原区流域典型水生态文明建设模式研究

5.4.1 湖西平原区典型水生态文明建设模式

湖西平原区包含洙赵新河流域、东鱼河流域、万福河流域等流域单元,涉及菏泽市巨野县、东明县、牡丹区、定陶县、曹县、成武县、单县、郓城县、鄄城县,济宁市的金乡县、鱼台县等行政区域。湖西河道自西向东流入南四湖,区域高程自西向东由南北向中间凹下,总趋势又呈簸箕状向东渐次缓降,受历代黄河改道、决口和冲击影响,地形呈波状起伏。

根据湖西水生态文明优劣势,有方向性和目的性地提出流域水生态文明建设模式,充分发挥流域优势,抓住机遇,解决流域水生态问题,湖西平原区水生态文明建设重点如下:

(1)充分发挥黄河入鲁第一站的优势,开展引黄灌区的农业节水工程,加快水库功能置换,提升蓄水能力,合理开采地下水,构筑饮水安全工程体系。

(2)继续做好采煤塌陷区的开发利用,因地制宜地治理塌陷区,发挥塌陷区蓄水、景观、生态功能。

(3)开展针对城乡不同水系的特色生态治水工程,充分挖掘水历史文化底蕴,促进水文化、水利风景区建设。

(4)逐步调整产业结构,提升清洁生产水平,完善城乡污水管网与污水处理设施建设,促进水质改善。

(5)建立健全水生态文明建设管理制度,提升水生态文明管理水平,加大资金投入,广泛开展宣传教育。

本书以洙赵新河流域作为典型流域,提出湖西平原地区的典型水生态文明建设"五位一体"模式框架(见图5-15)。

5.4.2 建设模式的实施效果预测与评价

通过实施水生态文明建设模式的通用模式及其特色模式可以为流域带来正向的生态效益、社会效益及经济效益。

基于南四湖流域水生态文明建设水平评价体系的指标层各指标项,以2023年作为预测水平年,对洙赵新河流域的水生态文明建设模式实施效果进行预测(见表5-1),并利用评价体系对建设模式实施后的效果进行评价(见图5-16),洙赵新河流域水生态文明水平由52.93分预测将提升为80.27分,评价等级为优。其中,水资源体系由44.15分预计提升为76.69分,水环境体系由54.49分预计提升为80.02分,水生态体系由54.88分提升至82.32分,水景观体系由59.63分提升至75.93分,水管理体系由63.46分提升至85.62分。

水生态文明评价体系的建设模式实施效果预测评价结果表明,建设模式对洙赵新河流域的水生态文明建设水平具有显著的提高,对洙赵新河流域水生态文明建设具有一定的适用性,在湖西平原区各流域单元具有一定的推广意义和价值。

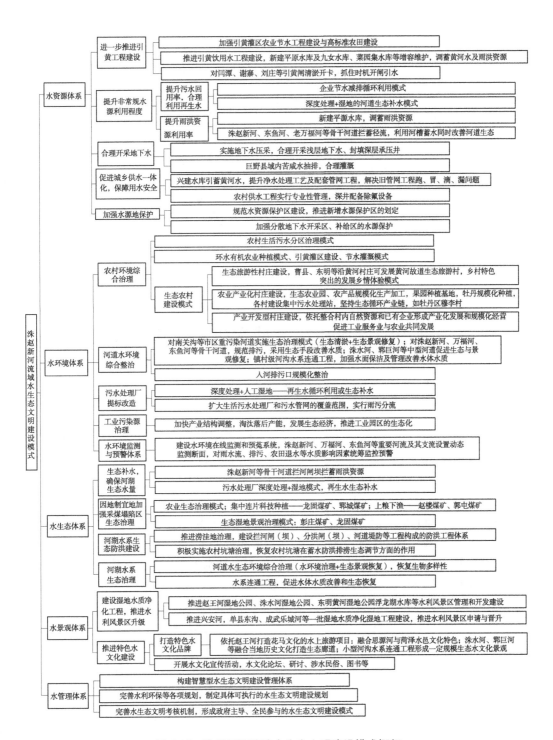

图 5-15 洙赵新河流域水生态文明建设模式框架

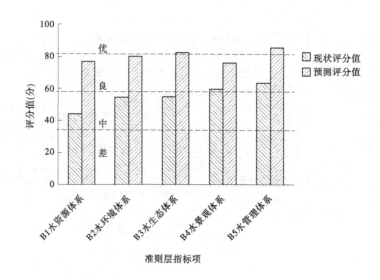

图 5-16　建设模式实施前后水生态文明评分对比——洙赵新河流域

5.5　湖东滨湖区典型流域水生态文明建设模式

5.5.1　湖东滨湖区水生态文明建设模式

湖东滨湖地区包括白马河流域、泗河流域、北沙河流域、新薛河流域、蟠龙河流域、韩庄运河流域、城河流域、界河流域、郭河流域等,涉及济宁市的邹城市、微山县、曲阜市、兖州市,枣庄市的薛城区、滕州市、台儿庄区、峄城区等行政区域。

根据该区域典型流域白马河流域的水生态文明建设评价成果,流域水生态文明建设的重点应从以下几个方面着手:

(1)利用洼地和湖泊优势,依托南水北调干线和治淮洪水东调南下工程,实施引水工程和利用洼地、采煤塌陷地拦蓄工程,实现水资源充分调度,当地水、长江水、雨洪资源、再生水统一调度,形成集供水、防洪、生态于一体的复合型水生态文明工程体系,统筹解决水资源季节性差异大、断流、水灾害、水生态恶化等问题。

(2)依托河湖库水资源优势,建成多功能生态景观河道,推进水利风景区建设。

(3)针对该区山多、坡地多、水土流失严重、生态环境脆弱的特点,以流域为单元,强化坡地水土流失综合防治。

(4)以孔孟儒家文化、微山湖文化、墨子文化、水乡文化等为依托,深挖流域水文化,以现有水系为中心、两侧绿带为重点、历史文化为点缀,推进流域水文化建设。

(5)依托政策倾斜,把水生态文明建设与美丽乡村建设、创建国家森林城市、脱贫攻坚、河湖长制等结合起来。

(6)建设山洪灾害防治系统与预警管理体系。

本书以白马河流域作为典型流域,提出湖东滨湖地区的典型水生态文明建设模式(见图 5-17)。

表 5-1 基于评价体系的洙赵新河流域水生态文明建设效果预测

指标层项目	水生态文明建设现状		建设模式相应措施	建设模式实施效果预测	
	现状情况	得分(分)		效果预测情况	得分(分)
C11 缺水率(75%供水保证率下)	17.26%	45.48	引黄工程建设,地下水合理开采,工农业节水,再生水利用	缺水率8%以下	66
C12 非常规水源数量占区域总供水量比例	1.95%	15.6	雨洪资源利用,再生水质提升利用	15%以上	80
C13 水源地保护	90%以上水源地划定保护区,且80%以上的水源保护区已采取相应的保护措施	80	饮用水水源保护区划定,规范化管理	95%以上水源地划定保护区,措施完备率96%以上	90
C14 水源地水质达标率	40%	26.67	水源保护区及补给区水质保护,城乡供水一体化	90%	80
C15 规模以上工业万元增加值取水量	16.15 m³	59.67	工业企业节水循环模式,工艺提升改造,产业结构调整	11.305	75.65
C16 万元农业增加值取水量	643.8 m³	50.41	环水有机农业,科学种植,节水灌溉	386.28	67.58
C17 供水管网漏损率	12%	72	管网改造延伸	8%	88
C18 地下水超采情况面积比例	83%	21.6	供水结构调整,地下水压采,封填承压井,合理改造利用苦咸水	低于10%	80
C19 节水宣传教育	中小学节水教育,企事业单位节水宣传,社会宣传等	80	全民参与,提升水生态文明意识		90
C21 水功能区达标率(双标评价)	55.60%	37.09	污染源整治,河湖水系环境综合治理与水生态修复	85%以上	70
C22 工业企业废污水达标处理率	100%	90	污水处理工艺提升改造减排,提升清洁生产水平	100%	95

续表 5-1

指标层项目	水生态文明建设现状		建设模式相应措施	建设模式实施效果预测	
	现状情况	得分(分)		效果预测情况	得分(分)
C23 农村生活污水集中处理率	35%	35	农村生活污水分类集中处理或分散就地处理	90%以上	90
C24 城镇生活污水达标处理率	80%	80	雨污分流,处理工艺提标改造,扩大污水管网覆盖范围	95%以上	95
C25 农业种植面源污染物入河量/耕地面积	26.76 t/km²	51.28	环水有机农业,生态文明村建设	13.38	73.24
C31 采煤塌陷区生态治理面积恢复率	41.48%	62.96	塌陷区生态治理	75%	89.84
C32 区域适宜水面率(河流,湖泊,湿地等)	2.50%	36.24	塌陷区生态治理,生态岸坡,水土保持,水系连通,湿地建设	6%	50
C33 生态流量满足程度	59%	58	水系连通,再生水生态补水,工农业节水	75%	90
C34 河流纵向连通性(拦河闸坝等建筑物数量/100 km)	6.99	73.29	水系连通,河道整治	6.2	68
C35 生态岸坡比例	80%	75	水土保持,河道治理与生态景观修复	90%以上	90
C36 水土流失整治率	6.79%	67.14	林草植被建设,生态岸坡	8.50%	74
C37 水生生物完整性指数	0.765 9	56.59	河湖水环境综合整治,生态岸坡	0.91	86
C38 防洪提达标率	57.39%	47.39	堤防加固复堤	90%以上	80
C39 防洪除涝达标率	33.79%	33.79	河道整治,防洪工程体系建设,农村坑塘建设	85%以上	85
C310 洪涝灾害预警防治体系完备率	70%	70	完善防洪预警体系建设	90%以上	80

续表 5-1

指标层项目	水生态文明建设现状		建设模式相应措施	建设模式实施效果预测	
	现状情况	得分（分）		效果预测情况	得分（分）
C41 湿地面积率	6.14%	60.71	新建湿地水质净化工程；湿地公园保护	12%	90
C42 湿地有效保护率	60%	60	湿地保护	85%以上	70
C43 水文化承载体数量（个/万 km²）	12.96	45.92	特色水文化品牌建设	25.37	70.74
C44 国家级水利风景区（个/万 km²）	7.13	74.2	推进水文化建设，促进湿地公园等水利风景区建设和管理	8.64	84.29
C45 省级水利风景区（个/万 km²）	0	0		6.49	45.93
C51 现代水网建设、防洪、供水、水污染防治规划和水事应急处理预案	各类规划和应急预案基本完备，但实践和实施有欠缺	72	完善水利环保等各项规划，制定具体可执行的水生态文明建设规划并逐步实施	各类规划和应急预案基本完备，有一定的实施和实践	90
C52 水管单位机构、制度和经费	水管单位机构设置基本完善，制度基本齐全，经费基本落实，但管理模式存在弊端	60	完善水生态文明建设制度	制度基本完善，机构设置齐全，经费得到落实，管理模式高效科学	85
C53 信息化覆盖率（水资源信息化建设、水污染预警监控能力等）	水质、水文、水域监测联网监控，重点水域实现预警监控；生态建设、水资源管理方面信息化建设较欠缺	65	构建智慧型水生态文明建设管理体系	形成完善的水生态文明建设智慧管理体系	85
C54 公众对水生态文明建设的认知程度	多数公众及建设任务有模糊的概念及认识，多数认为本区域有进行水生态文明建设的必要性	60	提升水生态文明意识，形成政府主导，全民参与的水生态文明建设模式	政府及公众充分认识水生态文明内涵，积极参与水生态文明建设	85

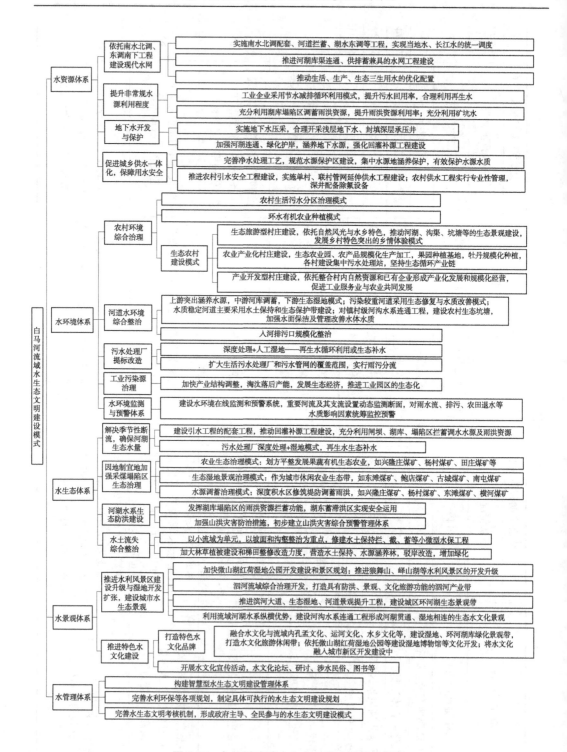

图 5-17 白马河流域水生态文明建设模式框架

5.5.2　建设模式的实施效果预测与评价

白马河流域通过实施水生态文明建设模式的通用模式及其特色模式可以为流域带来正向的生态效益、社会效益及经济效益。

基于南四湖流域水生态文明建设水平评价体系的指标层各指标项,以 2023 年作为预测水平年,对白马河流域的水生态文明建设模式实施效果进行预测(见表 5-2),并利用评价体系对建设模式实施后的效果进行评价(见图 5-18),白马河流域水生态文明水平由66.73 分预测将提升为 86.66 分,评价等级为优。其中,水资源体系由 72.14 分预计提升为 86.44 分,水环境体系由 66.39 分预计提升为 88.91 分,水生态体系由 62.78 分提升至85.61 分,水景观体系由 78.38 分提升至 86.49 分,水管理体系由 63.21 分提升至 85.62分。

评价结果表明,建设模式对白马河流域的水生态文明建设水平具有显著的提高,对流域水生态文明建设具有一定的适用性。建设模式在湖东滨湖区各流域单元具有一定的推广意义和价值。

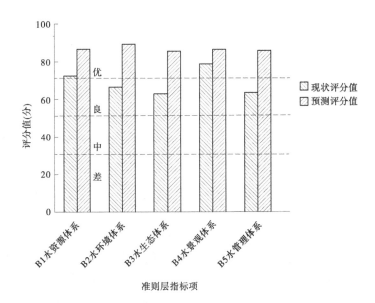

图 5-18　建设模式实施前后水生态文明评分对比——白马河流域

5.6　湖西滨湖区流域典型水生态文明建设模式

5.6.1　湖西滨湖区水生态太文明建设模式

湖西滨湖地区包括梁济运河流域、洸府河流域、惠河流域、复兴河流域、大沙河流域、郑集河流域等,涉及济宁市鱼台县、金乡县、梁山县、嘉祥县、汶上县、兖州市等行政区域。

根据该区域典型流域梁济运河流域的水生态文明建设评价成果,流域水生态文明建设的重点应从以下几个方面着手：

（1）处于南水北调东线工程核心区及重点保护区范围内，加强污染源控制及水质保护，推进中水截蓄导用工程建设。

（2）依托南水北调东线工程和沿黄优势，促进南水北调配套工程、引黄工程、河道拦蓄等的建设，充分发挥引江水、引黄水的利用潜力，实现长江水、黄河水、本地地表水、地下水、雨洪资源和再生水的充分调度，统筹解决水资源季节性差异大、水生态恶化等问题。

（3）依托河沟纵横、湖库遍布的水资源优势，推进水系连通工程建设和生态景观建设，建成河湖沟贯通的多功能生态景观河道，推进水利风景区建设。

（4）抓好"三河六岸"洸府河、梁济运河、老运河生态水系综合整治，发掘古运河文化内涵，打造以古运河文化为中心的具有北方景观园林特色且极富文化底蕴的"大运河历史文化长廊"，沿黄区域打造"黄河新水乡"。

（5）依托政策倾斜，把水生态文明建设与美丽乡村建设、创建国家森林城市、脱贫攻坚、河湖长制等结合起来。

（6）梁济运河等通航水域的水污染控制。

本书以梁济运河流域作为典型流域，提出湖东滨湖地区的典型水生态文明建设模式（见图5-19）。

5.6.2　建设模式的实施效果预测与评价

基于南四湖流域水生态文明建设水平评价体系的指标层各指标项，以2023年作为预测水平年，对梁济运河流域的水生态文明建设模式实施效果进行预测（见表5-3），并利用评价体系对建设模式实施后的效果进行评价（见图5-20），梁济运河流域水生态文明水平由71.00分预测将提升为86.98分，评价等级为优。其中，水资源体系由67.10分预计提升为87.32分，水环境体系由79.03分预计提升为92.55分，水生态体系由69.57分提升至84.39分，水景观体系由68.60分提升至81.54分，水管理体系由65.57分提升至85.62分。

梁济运河流域典型水生态文明建设模式是通过流域水生态文明建设的优势、劣势、机遇及危机分析，充分发挥优势，着力解决短板形成的建设模式。在社会效益方面，满足流域内人民群众的用水需求，保障防汛安全、供水安全，在生态景观和文化的需求；生态效益方面，河湖水质显著改善，生态脆弱性缓解，河湖水系连通融合，维持河湖健康生命；在经济效益方面，与经济建设相融合、协调，生态建设协同流域内经济发展顶层规划，从而推动流域经济发展。评价结果表明，建设模式对梁济运河流域的水生态文明建设水平具有显著的提高，对流域水生态文明建设具有一定的适用性。建设模式在湖西滨湖区各流域单元具有一定的推广意义和价值。

表 5-2　基于评价体系的白马河流域水生态文明建设模式实施效果预测

指标层项目	水生态文明建设现状		建设模式相应措施	建设模式实施效果预测	
	现状情况	得分（分）		效果预测情况	得分（分）
C11 缺水率（75%供水保证率）	4.10%	83.60	南水北调配套、湖水东调配套、地下水合理开采、工农业节水、雨洪资源拦蓄、再生水利用	满足用水需求	90
C12 非常规水源数量占区域总供水量比例	14.62%	78.47	雨洪资源利用、再生水利用	20%以上	90
C13 水源地保护	90%以上水源地划定保护区，且85%以上的水源保护区已采取相应的规范化保护措施	86.00	饮用水源保护区划定、规范化管理	95%以上水源地划定保护区、措施完备率95%以上	90
C14 水源水质达标率	69.23%	49.23	水源保护区规范建设、补给区水质保护、河道水环境综合整治、城乡供水一体化	90%	80
C15 规模以上工业万元增加值取水量	8.275 m³	83.45	工业企业节水循环模式、工艺提升改造、产业结构调整	6.62	86.76
C16 万元农业增加值取水量	351.35 m³	69.91	环水有机农业、高标准农田建设、节水灌溉	274.43 m³	75.04
C17 供水管网漏损率	10.50%	78.00	管网延伸改造	5%	90
C18 地下水超采情况面积比例	0	100.00	调整供水结构、地下水压采、封填压井	0%	100
C19 节水宣传教育	中小学节水教育、企事业单位节水宣传、社会宣传等	82.00	全民参与、提升水生态文明意识		90
C21 水功能区达标率（双指标评价）	79.33%	59.33	污染源整治、截污工程、河湖水系环境综合治理与水生态修复	95%以上	90

续表 5-2

指标层项目	水生态文明建设现状		建设模式相应措施	建设模式实施效果预测	
	现状情况	得分（分）		效果预测情况	得分（分）
C22 工业企业废污水达标处理率	92%	84.00	污水处理工艺提升改造回用减排,提升清洁生产水平	100%	90
C23 农村生活污水集中处理率	40%	40.00	农村生活污水分区治理模式	90%以上	90
C24 城镇生活污水达标处理率	94%	88.00	雨污分流,处理工艺提标改造,扩大污水管网覆盖范围	95%以上	90
C25 农业种植面源污染物入河量/耕地面积	20.89 t/km²	58.22	环水有机农业、生态文明村建设、高标准农田建设	12.534	78.733
C31 采煤塌陷区生态治理面积恢复率	46.23%	72.47	塌陷区生态治理	79%	91.6
C32 区域适宜水面面率（河流、湖泊、湿地等）	5.21%	46.05	引水工程、塌陷区生态治理、生态岸坡、水土保持、水系连通、湿地建设	10%	70
C33 生态流量满足程度	72%	84.00	水系连通、引黄引江生态补水、再生水生态补水、工农业节水、雨洪资源拦蓄	86%	86
C34 河流纵向连通性（拦河闸坝等项建筑物数量/100 km）	1.67	88.89	水系连通、河道整治	1.4195	90.53
C35 生态岸坡比例	80%	80.00	水土保持、河道治理与生态景观修复	90%	90
C36 水土流失整治率	2.19%	12.39	水土保持工程建设、林草植被建设、生态岸坡	8.00%	72
C37 水生生物完整性指数	0.9177	89.03	河湖环境综合整治、生态岸坡、水系连通	0.96	94.67
C38 防洪堤达标率	88%	77.78	堤防加固复堤	90%以上	80

续表 5-2

指标层项目	水生态文明建设现状		建设模式相应措施	建设模式实施效果预测	
	现状情况	得分（分）		效果预测情况	得分（分）
C39 防洪除涝达标率	34%	33.79	山洪灾害防治，河道整治，防洪害预警体系建设	85% 以上	85
C310 洪涝灾害预警防治体系完备率	10%	73.00	完善洪涝预警防治体系建设	90% 以上	80
C41 湿地面积率	10%	81.30	河湖湿地景观建设，塌陷区生态湿地模式，湿地公园保护	20% 以上	95
C42 湿地有效保护率	70%	60.00	湿地保护	90% 以上	80
C43 水文化承载体数量（个/万 km²）	36.397	92.79	特色水文化品牌建设	45.49	95.49
C44 国家级水利风景区（个/万 km²）	9.099	87.33	推进河湖、沟渠、坑塘生态景观建设	13.649	86.72
C45 省级水利风景区（个/万 km²）	27.297	94.60	促进湿地公园等水利风景区建设和升级	36.397	90.93
C51 现代水网建设、防洪、供水、水污染防治规划和实践和水事应急处理预案	各类规划和应急预案基本完备，但实施和实践有欠缺	75	完善水利环保等各项规划，制定具体可执行的水生态文明建设规划并逐步实施	各类规划和应急预案基本完备，有一定的实施和实践	90
C52 水管单位机构、制度和经费	水管单位机构设置基本齐全，制度基本落实，经费基本存在但管理模式存在低端	65	完善水生态文明建设制度	制度基本完善，机构设置齐全，经费得到落实，管理模式高效科学	85
C53 信息化覆盖率（水资源信息化建设，水污染预警监控能力等）	水质、水文监测联网监控，重点水域实现预警监控；生态建设、水资源管理方面信息化建设较欠缺	60	构建智慧型水生态文明建设管理体系	形成完善的水生态文明建设智慧管理体系	85
C54 公众对水生态文明建设的认知程度	多数公众对水生态文明的概念及建设任务有模糊认识，多数认为区域内有进行水生态文明建设的必要性	60	提升水生态文明意识，形成政府主导，全民参与的水生态文明建设模式	政府及公众对水生态文明内涵充分认识，积极参与水生态文明建设	85

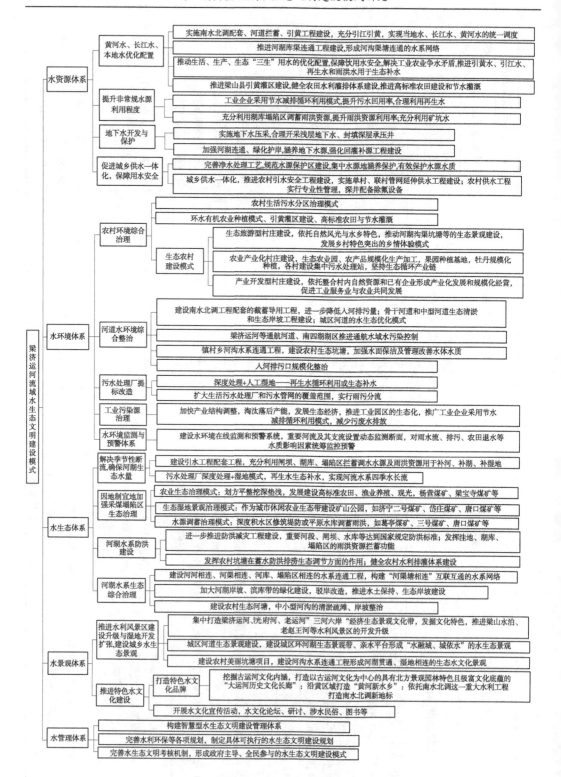

图 5-19　梁济运河流域水生态文明建设模式

表 5-3　基于评价体系的梁济运河流域水生态文明建设模式实施效果预测

指标层项目	水生态文明建设现状		建设模式相应措施	建设模式实施效果预测	
	现状情况	得分(分)		效果预测情况	得分(分)
C11 缺水率(75%供水保证率下)	11.20%	57.76	南水北调配套、引黄工程建设、地下水合理开采、工农业节水、雨洪资源拦蓄、再生水利用	基本满足用水需求	85
C12 非常规水源数量占区域总供水量比例	5.88%	43.51	雨洪资源利用、再生水水质提升利用、矿坑水利用	20%以上	90
C13 水源地保护	90%以上水源地划定保护区，且85%以上的水源保护区已采取相应的规范化保护措施	88	饮用水水源保护区划定、规范化管理	95%以上水源地划定保护区，措施完备率95%以上	90
C14 水源保护率	85%	70	水源保护区规范建设、补给区水质保护、河道水环境综合整治、城乡供水一体化	95%	90
C15 规模以上工业万元增加值取水量	12.775 m³	70.75	工业企业节水循环模式、工艺提升改造、产业结构调整	9.58125	80.84
C16 万元农业增加值取水量	538.775 m³	57.415	环水有机农业、引黄灌区建设、节水灌溉	323.265	71.91
C17 供水管网漏损率	11%	76	管网延伸改造	7%	88
C18 地下水超采情况面积比例	12%	76.35	调整供水结构、地下水压采、封填承压井	低于5%	90
C19 节水宣传教育	中小学节水教育、企事业单位节水宣传、社会宣传等	80	全民参与、提升水生态文明意识		90
C21 水功能区达标率(双指标评价)	90.00%	80	污染源整治、截污工程、河湖水系环境综合治理与水生态修复	95%以上	95
C22 工业企业污水达标处理率	100%	88	污水处理工艺提升改造回用减排，提升清洁生产水平	100%	95

续表 5-3

指标层项目	水生态文明建设现状		建设模式相应措施	建设模式实施效果预测	
	现状情况	得分（分）		效果预测情况	得分（分）
C23 农村生活污水集中处理率	35%	40	农村生活污水分区治理模式	90%以上	90
C24 城镇生活污水达标处理率	80%	92	雨污分流，处理工艺提标改造，扩大污水管网覆盖范围	95%以上	90
C25 农业种植面源污染物入河量/耕地面积	15.81 t/km²	68.38	环水有机农业、生态文明村建设、灌区与高标准农田建设	10.276 5	79.44
C31 采煤塌陷区生态治理面积恢复率	38.33%	56.65	塌陷区生态治理	69%	87.6
C32 区域适宜水面率（河流,湖泊,湿地等）	3.23%	36.17	引水工程，塌陷区生态治理，生态岸坡、水土保持、水系连通、湿地建设	9%	65
C33 生态流量满足程度	68%	76	水系连通、引黄引江生态补水，再生水生态补水，工农业节水，雨洪资源拦蓄	82%	82
C34 河流纵向连通性（拦河闸坝等建筑物数量/100 km）	6.59	70.62	水系连通、河道整治	5.931	73.79
C35 生态岸坡比例	80%	80	水土保持，河道治理与生态景观修复	90%	90
C36 水土流失整治率	4.18%	56.70	林草植被建设，生态岸坡	9.90%	79.6
C37 水生生物完整性指数	0.963 7	95.16	河湖水环境综合整治，生态岸坡，水系连通	0.97	96.1
C38 防洪堤达标率	88.50%	78.50	堤防加固复堤	90%以上	80
C39 防洪除涝达标率	75.82%	75.82	河道整治，防洪工程体系建设，农村抗旱塘建设	85%以上	85
C310 洪涝灾害预警防治体系完备率	70%	80	完善防洪预警体系建设	90%以上	80

续表 5-3

指标层项目	水生态文明建设现状		建设模式相应措施	建设模式实施效果预测	
	现状情况	得分（分）		效果预测情况	得分（分）
C41 湿地面积率	9.78%	78.9	河湖湿地景观建设，塌陷区生态湿地模式，湿地公园保护	15%以上	90
C42 湿地有效保护率	80%	80	湿地保护	90%以上	80
C43 水文化承载体数量（个/万 km²）	14.74	58.95	特色水文化品牌建设	29.56	79.2
C44 国家级水利风景区（个/万 km²）	4.91	59.42	推进河湖沟渠生态景观建设，促进湿地公园等水利风景区建设和升级	12.28	83.8
C45 省级水利风景区（个/万 km²）	9.83	59.30		13.65	67.3
C51 现代水网建设，防洪、供水、水污染防治规划和水事应急处理预案	各类规划和应急预案基本完备，但实施和实践存在欠缺	78	完善水利环保等各项规划，制定具体可执行的水生态文明建设规划并逐步实施	各类规划和应急预案基本完备，有一定的实施和实践	90
C52 水管单位机构、制度和经费	水管单位机构设置基本完善，制度基本齐全，经费基本落实，但管理模式存在弊端	65	完善水生态文明建设制度	制度基本完善，机构设置齐全，经费得到落实，管理模式高效科学	85
C53 信息化覆盖率（水资源信息化建设、水污染预警监测监控能力等）	水质、水文监测联网监控，重点水域实现预警监控；生态建设、水资源管理信息化建设欠缺	65	构建智慧型水生态文明建设管理体系	形成完善的水生态文明建设智慧管理体系	85
C54 公众对水生态文明建设的认知程度	多数公众对水生态文明的概念及建设任务有模糊认识，多数认为区域内有进行水生态文明建设的必要性	60	提升水生态文明意识，形成政府主导，全民参与的水生态文明建设模式	政府及公众充分认识水生态文明内涵，积极参与水生态文明建设	85

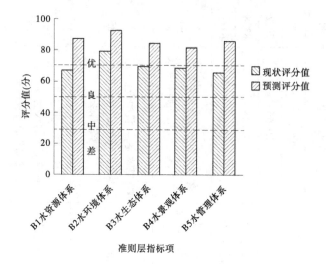

图 5-20　建设模式实施前后水生态文明评分对比——梁济运河流域

第 6 章　结论与展望

6.1　主要结论

6.1.1　南四湖流域水生态文明建设现状与 SWOT 分析

对南四湖流域的现状条件下水资源开发利用保护情况、水环境现状、水生态系统状况、水文化与水景观建设以及管理体系情况进行了调查,总结了南四湖地区流域水生态文明建设情况以及目前存在的亟待解决的问题。在此基础上对南四湖流域的水生态文明建设现状进行了 SWOT 分析,其主要优势、建设基础与有利条件主要有:

(1)地表水资源多样。

(2)经济发展潜力较大。

(3)景观和生态资源丰富。

(4)水文化历史悠久且特色突出。

(5)流域内开展水生态文明试点城市建设。

(6)河湖长制及美丽乡村建设等政策倾斜。

(7)采煤塌陷区可利用程度高等。

存在的主要问题主要有:

(1)流域内煤炭化工产业发达,产业结构较重,绿色发展水平不高。

(2)生态环境治理改善步伐较缓慢。

(3)水资源分布不均与供需矛盾。

(4)采煤塌陷区生态问题显著。

(5)社会水生态文明内涵理解不全面,水生态文明意识有待提升。

6.1.2　适用于南四湖流域的水生态文明评价体系构建

根据水生态文明建设的内涵,在分析南四湖流域水生态文明现状与存在的主要问题的基础上,从水生态、水环境、水资源、水景观、水管理五个方面选取了最能代表流域内水生态文明建设内涵、体现南四湖水生态文明建设现状水平的指标,构建了南四湖流域水生态文明建设评价指标体系框架,包括目标层、准则层、中间层和指标层四个层次,其中准则层含 5 项指标,中间层含 16 项指标,指标层包含 33 项指标。采用层次分析法结合专家打分法确定了各指标权重,确定各指标的打分原则,按照分值将南四湖流域水生态文明情况划分为优(Ⅰ级)、良(Ⅱ级)、中(Ⅲ级)、差(Ⅳ级)四个等级,采用综合指数法对各流域水生态文明建设水平进行综合评分。

6.1.3　典型流域的水生态文明建设现状调查与评价

选择梁济运河、洙赵新河和白马河作为南四湖地区的典型流域,对各流域内水环境、水资源、水生态、水景观、水管理等方面的建设水平进行调查,并利用构建的评价体系对各流域的水生态文明建设水平进行综合评价,对各典型流域水生态文明建设存在的主要问题进行了分析。

梁济运河流域水生态文明建设水平评分为 71.00 分,评价等级为良,主要存在的问题为:

(1)非常规水源利用率较低,雨水资源、再生水资源利用潜力有待提升。

(2)采煤塌陷问题严重,虽经过较大力度整治,但塌陷带来的生态问题仍严峻。

(3)农村生活污水集中处理亟待推进。

洙赵新河流域水生态文明建设水平评分为 52.93 分,评价等级为中,主要存在的问题为:

(1)非常规水源利用率低,雨水资源、再生水资源无法有效利用。

(2)饮用水水源水质不能稳定达标。

(3)河流水质不能稳定达标,小型河道沟渠水质较差。

(4)农村生活污水集中处理率低,农业面源污染严重。

(5)宜水面积率低。

(6)防洪除涝系统有待进一步提升。

白马河流域水生态文明建设水平评分为 66.73 分,评价等级为良,存在的主要问题为:

(1)采煤塌陷问题严重,虽经过较大力度整治,但塌陷带来的生态问题仍严峻。

(2)农村生活污水集中处理亟待推进。

(3)水土流失问题突出。

(4)防洪除涝系统有待进一步提升。

6.1.4　南四湖流域水生态文明建设模式的构建

从水资源、水环境、水生态、水景观、水管理五个方面提出了南四湖流域水生态文明建设的"五位一体"的总体布局,并提出了其通用模式和特色模式。在水资源方面,加强利用非常规水源,保证生态用水量,优化水源工程布局,加大饮用水水源地的保护力度;在水环境方面,加强对工业点源、农村面源等污染源的防控,促进污水处理厂的提标改造,构建水生态环境监测与预警体系;在水生态方面,加快湿地恢复与保护,促进南四湖大生态带建设,建设生态清洁流域,建设河流生态廊道,推进水土流失分区综合整治;在水景观方面,促进水利风景区和水文化建设;在水管理方面,推进制定水生态文明建设科学规划,完善水生态文明考核和追责机制,提升社会水生态文明意识,推进全民参与水生态文明建设。此外,针对南四湖流域水生态文明建设独特之处,提出了特色模式:工业企业节水减排提标及经济循环模式,农村污染治理模式,城市污染水体治理模式,采煤塌陷区生态之力量模式,生态文明村建设模式,特色水文化建设模式及智慧型水生态文明管理体系的建设等。在此基础上,对各区域单元及典型流域提出了具体水生态文明建设模式。

6.2　展　望

(1)本研究提出的水生态文明评价体系和建设模式对南四湖地区各流域具有一定的适用性,在南四湖地区具有一定的推广意义和实用价值。在实际水生态文明建设中,可根据流域特点及行政区域分级划分各流域单元,各流域单元根据各自特色,因地制宜,选择适宜的建设体系并进一步探索本流域单元适用的、具体的、特色的水生态文明建设实践,提升南四湖地区的总体水生态文明建设水平。

(2)随着生态文明建设、河湖长制、美丽乡村建设、农村环境综合整治等的全面实施,在南四湖地区开展流域水生态文明建设,进一步改善水生态环境,挖掘水潜力,打造水品牌,将水生态文明建设与区域产业布局有机融合,是破解南四湖区域水资源环境限制、应对水生态环境挑战的重要战略,进一步推广实施水生态文明建设模式有助于推动区域生态、社会、经济协调发展,保障区域可持续健康发展。

(3)目前关于水生态文明建设的研究众多,水生态文明建设试点城市的实践也在逐步进行,若能将实践中具体的、详细的建设问题与经验进行归纳总结,与水生态文明建设与评价理论研究相结合,使水生态文明的研究朝着更准确化、特色化、细致化、科学化的方向发展,水生态文明建设模式的构建将会更有针对性和科学性,更有利于模式的推广,更能发挥水生态文明建设在经济、社会发展中的作用。

参 考 文 献

[1] 董文虎.水生态文明建设是生态文明建设最重要的组成部分[J].水利发展研究,2013,13(8):13-18.

[2] 左其亭,罗增良,赵钟楠.水生态文明建设的发展思路研究框架[J].人民黄河,2014,36(9):4-7.

[3] 谷树忠,李维明.建立健全水生态文明建设的推进机制[J].中国水利,2013(15):17-19.

[4] 黄茁.水生态文明建设的指标体系探讨[J].中国水利,2013(6):17-19.

[5] 唐克旺.水生态文明的内涵及评价体系探讨[J].水资源保护,2013,29(4):1-4.

[6] 左其亭,罗增良.水生态文明定量评价方法及应用[J].水利水电技术,2016,47(5):94-100.

[7] 郭巧玲,杨云松,韩瑶瑶.人水和谐视角下的水生态文明城市评价——以焦作市为例[J].河南理工大学学报:自然科学版,2019,38(4):82-89.

[8] 胡庆芳,霍军军,李伶杰,等.水生态文明城市指标体系的若干思考与建议[J].长江科学院院报,2018,35(8):22-26.

[9] 刘姝芳,毛豪林,张丹,等.西安市水生态文明城市试点建设成效评价[J].人民黄河,2019,41(5):82-85.

[10] 倪盼盼,张翔,夏军,等.水生态文明评价指标体系比较及济南市指标体系构建[J].中国农村水利水电,2017(7):85-88.

[11] 周海炜,李蓝汐.水生态文明城市建设的标杆管理方法研究[J].河海大学学报:哲学社会科学版,2018,20(3):71-76.

[12] 徐梦珂,陈星,王好芳,等.青岛市水生态文明建设评价[J].水资源与水工程学报,2017,28(6):109-114.

[13] 王富强,王雷,魏怀斌,等.郑州市水生态文明城市建设现状评价[J].南水北调与水利科技,2015,13(4):639-642.

[14] 许继军.水生态文明建设的几个问题探讨[J].中国水利,2013(6):15-16.

[15] 马建华.推进水生态文明建设的对策与思考[J].中国水利,2013(10):1-4.

[16] 洪一平.推进长江水生态文明建设的实践与思考[J].中国水利,2013(15):57-59.

[17] 胡仪元,唐萍萍.南水北调中线工程汉江水源地水生态文明建设绩效评价研究[J].生态经济,2017,33(2):176-179.

[18] 张曰良.济南市水生态文明建设实践与探索[J].中国水利,2013(15):66-68.

[19] 郭水水.成都市水生态文明建设的实践与探索[J].中国水利,2014(3):17-20.

[20] 郑军田,朱榛国,陈红卫,等.盐城市水生态文明建设格局与路径探索[J].中国水利,2014(13):12-14.

[21] 邹秋文,魏龙亮.江西省九江市城市水生态文明建设思路探析[J].水利发展研究,2015,15(10):25-27.

[22] 严子奇,周祖昊,温天福.大湖流域水生态文明特征与评价体系研究——以鄱阳湖流域为例[J].水利水电技术,2018,49(3):97-105.

[23] 季晓翠,王建群,傅杰民.基于云模型的滨海流域水生态文明评价[J].水资源保护,2019,35(2):74-79.

[24] 屈建春,孟昭强,张志贵,等.南四湖水生态文明研究[J].治淮,2016(3):56-57.

[25] 杨涛,王庆伟,张道然,等.济宁市生态文明建设的战略构想与对策[J].环境科学与管理,2016,41(7):14-17.

[26] 李青英,范进生.菏泽市水生态文明城市建设的实践与探索[J].水利建设与管理,2013,33(10):38-40.

[27] 翟小兵,曹锋.济宁市水生态文明建设存在的问题与建议[J].山东水利,2015(2):51-52.

[28] 张梅,倪天琪.济宁市水生态文明建设的实践[J].中国水利,2014(21):8-9.

[29] 张华,徐萌伟.对枣庄市创建水生态文明城市的分析及思考[J].黑龙江水利科技,2014,42(4):237-238.

[30] 孟静.枣庄市台儿庄区现代水网建设初探[J].山东水利,2014(4):41-42.

[31] 李青英,范进生.菏泽市水生态文明城市建设的实践与探索[J].水利建设与管理,2013,33(10):38-40.

[32] 杜守学,王献丽.菏泽市水生态文明城市建设与发展举措[J].山东水利,2013(6):53-54.

[33] 孙淑云,张国玉.南四湖流域水资源特性研究[J].水文,2013,33(1):90-93.

[34] 高彦生,姬宗皓,王鲁平.济宁市采煤塌陷地现状分析与治理研究[J].煤矿现代化,2009(S1):75-76.

[35] 胡莹.济宁市矿山地质环境问题分析与防治建议[J].世界有色金属,2019(15):168-169.

[36] 任艳丽,孙纪军.菏泽市雨洪资源利用的几点思考[J].山东水利,2017(2):53-54.

[37] 任艳丽,孙纪军.菏泽市雨洪资源利用的几点思考[J].山东水利,2017(2):53-54.

[38] 王凡勇.枣庄老城区浅层采矿塌陷地质灾害治理[J].地质装备,2018,19(4):40-42.

[39] 刘姝芳,毛豪林,张丹,等.西安市水生态文明城市试点建设成效评价[J].人民黄河,2019,41(5):82-85.

[40] 徐小丽.江西省生态文明建设水平评价[J].中国经贸导刊(中),2020(11):133-135.

[41] 刘志博,郝钟,张海英,等.黄河流域省域生态文明建设评价初探[J].环境保护,2020,48(17):49-54.

[42] 李小娟.基于熵值法的陕西省生态文明建设评价与对策研究[J].环境保护科学,2020,46(4):35-40.